Franz Pfuff

Mathematik für Wirtschaftswissenschaftler 2

Franz Pfuff

Mathematik für Wirtschafts-wissenschaftler 2

Lineare Algebra – Funktionen mehrerer Variablen

3. Auflage

Mit 70 Abbildungen

STUDIUM

VIEWEG+
TEUBNER

Bibliografische Information der Deutschen Nationalbibliothek
Die Deutsche Nationalbibliothek verzeichnet diese Publikation in der Deutschen Nationalbibliografie; detaillierte bibliografische Daten sind im Internet über <http://dnb.d-nb.de> abrufbar.

Dr. rer. Pol. Franz Pfuff
ist apl. Professor an der Wirtschaftswissenschaftlichen Fakultät der Universität Regensburg.

E-Mail: franz.pfuff@wiwi.uni-regensburg.de

1. Auflage 1979
2. Auflage 1982
3. Auflage 2009

Lektorat: Ulrike Schmickler-Hirzebruch | Nastassja Vanselow

Vieweg+Teubner ist Teil der Fachverlagsgruppe Springer Science+Business Media.
www.viewegteubner.de

Umschlaggestaltung: KünkelLopka Medienentwicklung, Heidelberg
Gedruckt auf säurefreiem und chlorfrei gebleichtem Papier.

ISBN 978-3-528-27239-5

Inhaltsverzeichnis

Vorwort zur zweiten Auflage

Das vorliegende Buch entstand aus verschiedenen Vorlesungen, die ich an der Universität Regensburg gehalten habe.

Band 1 behandelt Grundzüge der Analysis und Funktionen einer Variablen, Band 2 Lineare Algebra und Funktionen von mehreren Variablen und Band 3 enthält eine umfangreiche Sammlung von Klausur- und Übungsaufgaben mit vollständigen Lösungen.

Das Hauptziel des Buches besteht darin, die bei den Studenten der Wirtschaftswissenschaften oftmals ungeliebte Mathematik so verständlich wie möglich zu machen. Es wurde deshalb versucht, auf übertriebenen Formalismus zu verzichten, ohne jedoch dafür einen Mangel an Exaktheit in Kauf zu nehmen.

Jeder wichtige Begriff wird durch eine Reihe von Anwendungsbeispielen und Zeichnungen ausführlich erläutert. Soweit wie möglich wird ferner immer auf die Anwendungsmöglichkeiten des behandelten Stoffes in den Wirtschaftswissenschaften hingewiesen. Bei der Stoffauswahl wurde insbesondere darauf geachtet, nur solche mathematischen Begriffe und Verfahren zu beschreiben, die ein Student während seines Studiums oder später in der Praxis auch tatsächlich benötigt.

Das Buch ist in erster Linie als Textbook zu den Grundvorlesungen über Mathematik für Wirtschaftswissenschaftler geeignet. Darüber hinaus kann es jedoch auch zum Selbststudium benützt werden.

In diese zweite Auflage habe ich auf Anregung vieler Leser noch zwei Paragraphen über orthogonale Transformationen und Eigenwerte sowie über quadratische Formen und die lineare Regressionsrechnung aufgenommen. Außerdem wurden einige Druckfehler verbessert.

Ich danke auch weiterhin für kritische Bemerkungen über die Auswahl des Stoffes und seiner Darstellung, die mir aus dem Leserkreis zukommen.

Regensburg, im Mai 1982 *Franz Pfuff*

Liste der verwendeten Symbole

Symbol	Bedeutung	Seite
$A = \|a_{ij}\|_{(m \times n)} = \begin{pmatrix} a_{11} & \dots & a_{1n} \\ \vdots & & \vdots \\ a_{m1} & \dots & a_{mn} \end{pmatrix}$	Matrix mit m Zeilen und n Spalten, (m × n)-Matrix	2
$a = (a_1, \dots, a_n)$	Zeilenvektor, (1 × n)-Matrix	2
$b = \begin{pmatrix} b_1 \\ \vdots \\ b_n \end{pmatrix}$	Spaltenvektor, (n × 1)-Matrix	2
0	Nullmatrix	3
o	Nullvektor	3
$A = B$	A gleich B	3
$A \neq B$	A ungleich B	3
$A \leqslant B$	A kleiner oder gleich B	3
$A < B$	A kleiner als B	3
A'	transponierte Matrix	4
$D = \begin{pmatrix} a_{11} & & 0 \\ & \ddots & \\ 0 & & a_{nn} \end{pmatrix}$	Diagonalmatrix	4
$E = \begin{pmatrix} 1 & & 0 \\ & \ddots & \\ 0 & & 1 \end{pmatrix}$	Einheitsmatrix	4
$Ax = b$	lineares Gleichungssystem	8
$\mathbb{R}^n$	n-dimensionaler Raum, Menge aller n-tupel reeller Zahlen	12
$\tilde{A}$	Matrix von Dreiecksstufengestalt	17
$r(A)$	Rang von A	18
(A, b)	um den Vektor b erweiterte Matrix A	25

Symbol	Bedeutung	Seite
$r(A, b)$	Rang der erweiterten Matrix (A, b)	25
$\det A$, $\lvert A \rvert$	Determinante von A	28
A^{-1}	inverse Matrix zu A	35
$\operatorname{adj}(A)$	Adjungierte von A	37
$[a, b]$	n-dimensionales abgeschlossenes Intervall zwischen a und b	41
(a, b)	n-dimensionales offenes Intervall zwischen a und b	41
$Ax \leqslant b$	lineares Ungleichungssystem; Nebenbedingung	46
$x \geqslant o$	Nichtnegativitätsbedingung	46
$y = f(x) = f(x_1, \ldots, x_n)$	Funktionswert von $x = (x_1, \ldots, x_n)$	50
$f(x, y) = z_0$	Gleichung einer Höhenlinie zum Niveau z_0; Horizontalschnitt	54
$f(x, c) = z$, $f(c, y) = z$	Gleichung von Vertikalschnitten	55
$f[D]$	Bildmenge von D unter der Funktion f	56
$f'(x_0)$, $\frac{df}{dx}(x_0)$	Ableitung von f an der Stelle x_0	68
$\frac{\partial f}{\partial x}(x_0, y_0)$, $f_x(x_0, y_0)$	partielle Ableitung von f nach x an der Stelle (x_0, y_0)	70
$\frac{\partial f}{\partial x_i}(x)$, $f_{x_i}(x)$	partielle Ableitung von f nach x_i	70
$\frac{\partial^2 f}{\partial x_i \, \partial x_j}(x)$, $f_{x_i x_j}(x)$	partielle Ableitung zweiter Ordnung nach x_i und x_j	72
$(\operatorname{grad} f)(x)$	Gradient von f an der Stelle x	72
$H(x)$	Hessesche Matrix einer Funktion f an der Stelle x	72
$\epsilon_f(x)$	Elastizität von f(x)	75
$\epsilon_{f, x_i}(x)$	partielle Elastizität von f(x), bzgl. x_i	75
Δy	Zuwachs einer Funktion $y = f(x)$	77

Symbol	Bedeutung	Seite
Δx	Zuwachs der unabhängigen Variablen x	77
$dy = f'(x_0)\,dx$	totales Differential von f an der Stelle x_0 für den Zuwachs dx	77
Δz	Zuwachs einer Funktion $z = f(\mathbf{x})$	77
Δx_i	Zuwachs der unabhängigen Variablen x_i	77
$dz = \frac{\partial f}{\partial x_i}(\mathbf{x}_0)\,dx_i$	partielles Differential von $f(\mathbf{x})$ bzgl. x_i an der Stelle $\mathbf{x}_0$	77
$dz = df(\mathbf{x})(dx_1, \ldots, dx_n) = \sum_{i=1}^{n} \frac{\partial f}{\partial x_i}(\mathbf{x})\,dx_i$	totales Differential von f an der Stelle **x** für die Zuwächse $dx_1, \ldots, dx_n$	79
$f(x, y) = 0$	Gleichung einer impliziten Funktion	84
$L(x_1, x_2, \lambda)$	Lagrangefunktion für eine Funktion $f(x_1, x_2)$ bei einer Nebenbedingung	99
$L(\mathbf{x}, \boldsymbol{\lambda})$	Lagrangefunktion für eine Funktion $f(\mathbf{x})$ bei m Nebenbedingungen	102
$sp(\mathbf{A})$	Spur von **A**	115

Kapitel 3 Lineare Algebra

§ 21 Grundlegende Begriffe aus der Matrizenrechnung

In den Wirtschaftswissenschaften ist es häufig üblich, die quantitativen Zusammenhänge zwischen verschiedenen ökonomischen Größen in Tabellenform übersichtlich darzustellen.

Beispiel

(1) Ein Betrieb stellt die Produkte P_1, P_2 und P_3 aus den Rohstoffen R_1, R_2, R_3 und R_4 her. Der Verbrauch von Rohstoffen zur Herstellung einer ME (= Mengeneinheit) der drei Produkte sei gemäß folgendem Schaubild gegeben:

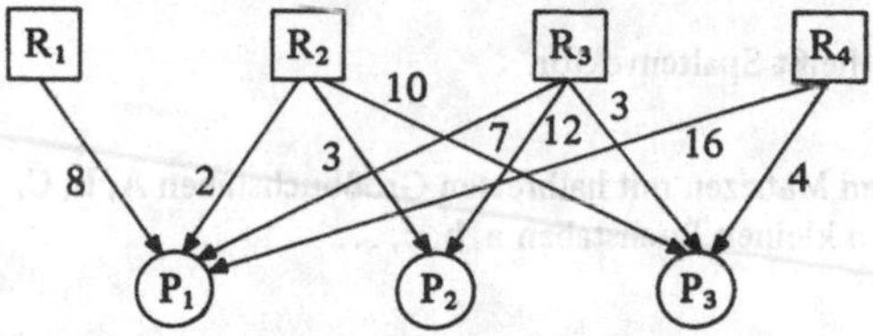

Daraus erhält man nun die folgende Tabelle:

	P_1	P_2	P_3
R_1	8	0	0
R_2	2	3	10
R_3	7	12	3
R_4	16	0	4

(2) Die Handelsbeziehungen zwischen den Ländern L_1, L_2 und L_3 während eines Jahres seien durch folgende Figur bzw. Tabelle wiedergegeben:

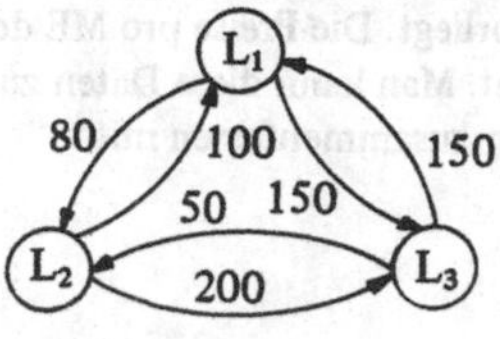

	L_1	L_2	L_3
L_1	0	80	150
L_2	100	0	200
L_3	150	50	0

Aus den Spalten dieser Tabelle kann man die Einfuhr, aus den Zeilen die Ausfuhr eines Landes ersehen.

Eine solche Anordnung von Zahlen bezeichnen wir in Zukunft als Matrix. Matrizen stellen das wichtigste Hilfsmittel zur praktischen Behandlung von Aufgaben in der linearen Algebra dar.

(21.1) Definition

(a) Ein rechteckiges Schema reeller Zahlen der Form

$$\|a_{ij}\|_{(m \times n)} = \begin{pmatrix} a_{11}\, a_{12} & \ldots\, a_{1n} \\ a_{21}\, a_{22} & \ldots\, a_{2n} \\ \vdots & \\ a_{m1}\, a_{m2} & \ldots\, a_{mn} \end{pmatrix}$$

mit m Zeilen und n Spalten heißt eine $(m \times n)$-Matrix. Die Zahlen a_{ij} $(i = 1, \ldots, m; j = 1, \ldots, n)$ heißen Elemente der Matrix; i bezeichnet man als Zeilen- und j als Spaltenindex.

(b) Eine $(1 \times n)$-Matrix der Form $(a_1, \ldots, a_n)$ heißt Zeilenvektor und eine $(n \times 1)$-Matrix der Form $\begin{pmatrix} a_1 \\ \vdots \\ a_n \end{pmatrix}$ heißt Spaltenvektor.

Bezeichnung: Wir bezeichnen Matrizen mit halbfetten Großbuchstaben **A, B, C**, ... und Vektoren mit halbfetten kleinen Buchstaben **a, b, c**, ...

Beispiele

(1) Aus den Tabellen des vorhergehenden Beispiels erhält man die Matrizen

$$\mathbf{A} = \|a_{ij}\|_{(4 \times 3)} = \begin{pmatrix} 8 & 0 & 0 \\ 2 & 3 & 10 \\ 7 & 12 & 3 \\ 16 & 0 & 4 \end{pmatrix} \quad \text{und}$$

$$\mathbf{B} = \|b_{ij}\|_{(3 \times 3)} = \begin{pmatrix} 0 & 80 & 150 \\ 100 & 0 & 200 \\ 150 & 50 & 0 \end{pmatrix}.$$

Dabei ist beispielsweise $a_{21} = 2$, $a_{13} = 0$ und $b_{32} = 50$.

(2) Bei der Inventur in einem Warenlager wird festgestellt, daß von n vorhandenen Artikeln ein Lagerbestand von $x_1, \ldots, x_n$ ME vorliegt. Die Preise pro ME der einzelnen Artikel seien mit $p_1, \ldots, p_n$ bezeichnet. Man kann diese Daten zu einem Bestandsvektor **x** und einem Preisvektor **p** zusammenfassen mit

$$\mathbf{x} = \begin{pmatrix} x_1 \\ \vdots \\ x_n \end{pmatrix} \quad \text{und } \mathbf{p} = \begin{pmatrix} p_1 \\ \vdots \\ p_n \end{pmatrix}.$$

(3) Faßt man die Zeilen einer $(m \times n)$-Matrix **A** zu den Zeilenvektoren $\mathbf{a}_1, \ldots, \mathbf{a}_m$ und die Spalten zu den Spaltenvektoren $\mathbf{b}_1, \ldots, \mathbf{b}_n$ zusammen, so kann man die Matrix **A** in der übersichtlichen Form

$$\mathbf{A} = \begin{pmatrix} \mathbf{a}_1 \\ \vdots \\ \mathbf{a}_m \end{pmatrix} = (\mathbf{b}_1, \ldots, \mathbf{b}_n)$$

schreiben.

(4) Eine Matrix **0** und ein Vektor **o**, bei denen sämtliche Elemente gleich Null sind, bezeichnet man als Nullmatrix bzw. Nullvektor.

Matrizen können nur komponentenweise miteinander verglichen werden. Dies setzt natürlich voraus, daß die zu vergleichenden Matrizen die gleiche Anzahl von Spalten bzw. Zeilen besitzen. Wir setzen:

(21.2) Definition.

Gegeben seien die Matrizen $\mathbf{A} = \|a_{ij}\|_{(m \times n)}$ und $\mathbf{B} = \|b_{ij}\|_{(m \times n)}$. Dann heißt:

(a) $\mathbf{A} = \mathbf{B}$, falls $a_{ij} = b_{ij}$ für alle $i = 1, \ldots, m$ und $j = 1, \ldots, n$;

(b) $\mathbf{A} \neq \mathbf{B}$, falls mindestens ein Element $a_{ij} \neq b_{ij}$ existiert;

(c) $\mathbf{A} \leq \mathbf{B}$, falls $a_{ij} \leq b_{ij}$ für alle $i = 1, \ldots, m$ und $j = 1, \ldots, n$;

(d) $\mathbf{A} < \mathbf{B}$, falls $a_{ij} < b_{ij}$ für alle $i = 1, \ldots, m$ und $j = 1, \ldots, n$.

Beispiele

Es ist $\begin{pmatrix} x_1 \\ x_2 \end{pmatrix} = \begin{pmatrix} 0 \\ 0 \end{pmatrix}$, falls $x_1 = 0$ und $x_2 = 0$ aber $\begin{pmatrix} x_1 \\ x_2 \end{pmatrix} \neq \begin{pmatrix} 0 \\ 0 \end{pmatrix}$, falls etwa $x_1 = 0$ und $x_2 = 1$.

Ferner gilt $\begin{pmatrix} 2 & 5 \\ -1 & 6 \end{pmatrix} \leq \begin{pmatrix} 2 & 5 \\ 0 & 6 \end{pmatrix}$ und $\begin{pmatrix} 2 & 5 \\ -1 & 6 \end{pmatrix} < \begin{pmatrix} 3 & 10 \\ 5 & 8 \end{pmatrix}$.

Dagegen sind beispielsweise der Vektor $\begin{pmatrix} 1 \\ 2 \end{pmatrix}$ und die Matrix $\begin{pmatrix} 1 & 0 \\ 2 & 1 \end{pmatrix}$ nicht miteinander vergleichbar.

Ein wichtiges Hilfsmittel für das Rechnen mit Matrizen stellen die transponierten Matrizen dar.

(21.3) Definition

Gegeben sei die $(m \times n)$-Matrix

$$\mathbf{A} = \begin{pmatrix} a_{11} & a_{12} & \ldots & a_{1n} \\ a_{21} & a_{22} & \ldots & a_{2n} \\ \vdots & & & \\ a_{m1} & a_{m2} & \ldots & a_{mn} \end{pmatrix}.$$

Dann heißt die (n × m)-Matrix

$$A' = \begin{pmatrix} a_{11} & a_{21} & \dots & a_{m1} \\ a_{12} & a_{22} & \dots & a_{m2} \\ \vdots & & & \\ a_{1n} & a_{2n} & \dots & a_{mn} \end{pmatrix}$$

die zu **A** transponierte Matrix.

Man erhält also A' aus **A**, indem man alle Zeilenvektoren von **A** als Spaltenvektoren von A' oder alle Spaltenvektoren von **A** als Zeilenvektoren von A' schreibt. Wie man leicht sieht, ergibt sich durch zweimalige Anwendung der Transponierung die ursprüngliche Matrix, d. h. $(A')' = A$.

Beispiele

Aus der Matrix $A = \begin{pmatrix} 1 & 2 & 3 \\ 1 & 0 & 3 \end{pmatrix}$ und den Vektoren $a = \begin{pmatrix} 0 \\ 3 \\ 5 \end{pmatrix}$ sowie $b = (1, 10, 2)$ erhält man durch Transponieren

$$A' = \begin{pmatrix} 1 & 1 \\ 2 & 0 \\ 3 & 3 \end{pmatrix}, \quad a' = (0, 3, 5), \quad b' = \begin{pmatrix} 1 \\ 10 \\ 2 \end{pmatrix}.$$

Von besonderer Bedeutung sind auch noch die sogenannten quadratischen Matrizen, bei denen Zeilen- und Spaltenzahl übereinstimmen. Die Elemente $a_{11}, a_{22}, \dots, a_{nn}$ einer solchen Matrix $A = \| a_{ij} \|_{(n \times n)}$ bezeichnet man als Hauptdiagonale. Wir definieren nun wichtige Spezialfälle quadratischer Matrizen:

(21.4) Definition

(a) Eine (n × n)-Matrix **D**, bei der alle Elemente außerhalb der Hauptdiagonalen gleich Null sind, heißt Diagonalmatrix, d. h.

$$D = \begin{pmatrix} a_{11} & & & 0 \\ & a_{22} & & \\ & & \ddots & \\ 0 & & & a_{nn} \end{pmatrix} \longleftarrow \text{Hauptdiagonale}$$

(b) Eine (n × n)-Diagonalmatrix **E**, bei der alle Elemente der Hauptdiagonalen gleich Eins sind, heißt Einheitsmatrix, d. h.

$$E = \begin{pmatrix} 1 & & & 0 \\ & 1 & & \\ & & \ddots & \\ 0 & & & 1 \end{pmatrix}$$

Die Spalten einer Einheitsmatrix bezeichnet man als Einheitsvektoren

$$e_1 = \begin{pmatrix} 1 \\ 0 \\ 0 \\ \vdots \\ 0 \end{pmatrix}, \quad e_2 = \begin{pmatrix} 0 \\ 1 \\ 0 \\ \vdots \\ 0 \end{pmatrix}, \ldots, e_n = \begin{pmatrix} 0 \\ 0 \\ 0 \\ \vdots \\ 1 \end{pmatrix}.$$

(c) Eine $(n \times n)$-Matrix **A**, für die

$$\mathbf{A} = \mathbf{A}'$$

gilt, heißt symmetrisch.

§ 22 Rechenoperationen für Matrizen

Die große Bedeutung der Matrizen wird daraus ersichtlich, daß man damit verschiedene algebraische Rechenoperationen wie Addition und Multiplikation durchführen kann. Dadurch ist es möglich, auch Zustandsänderungen bei ökonomischen Problemen zu erfassen und deren Auswirkungen zu beschreiben. Wir leiten nun diese Rechenoperationen im einzelnen ab und gehen dabei immer auf ihre ökonomische Interpretierbarkeit ein.

Addition von Matrizen

Ein Einzelhändler verkauft in zwei Filialen die Produkte P_1 und P_2. Der Umsatz in den Monaten Jan., Febr., März sei dabei gemäß folgenden Tabellen gegeben:

Filiale A

	Jan.	Febr.	März
P_1	8	10	4
P_2	12	5	0

Filiale B

	Jan.	Febr.	März
P_1	10	0	7
P_2	5	20	1

Man erhält daraus sofort die Tabelle für den Gesamtumsatz, indem man die entsprechenden Umsatzzahlen der beiden Filialen addiert:

Gesamtumsatz

	Jan.	Febr.	März
P_1	8 + 10 = 18	10 + 0 = 10	4 + 7 = 11
P_2	12 + 5 = 17	5 + 20 = 25	0 + 1 = 1

Für die Matrizenaddition ergibt sich also folgende

(22.1) Definition

Es seien $\mathbf{A} = \|a_{ij}\|_{(m \times n)}$ und $\mathbf{B} = \|b_{ij}\|_{(m \times n)}$ Matrizen. Dann gilt:

$$\mathbf{A} + \mathbf{B} = \|a_{ij}\|_{(m \times n)} + \|b_{ij}\|_{(m \times n)} = \|a_{ij} + b_{ij}\|_{(m \times n)}.$$

Beispiele

Gegeben seien die Matrizen

$$\mathbf{A} = \begin{pmatrix} 3 & 5 \\ 2 & 6 \\ 1 & 2 \end{pmatrix}, \quad \mathbf{B} = \begin{pmatrix} 0 & 0 \\ 1 & 8 \\ 4 & 1 \end{pmatrix}.$$

Man erhält dann $\mathbf{A} + \mathbf{B} = \begin{pmatrix} 3 & 5 \\ 3 & 14 \\ 5 & 3 \end{pmatrix}$.

Dagegen ist z. B. $\mathbf{A} + \mathbf{B}'$ nicht definiert, da $\mathbf{A}$ eine (3×2)-Matrix und $\mathbf{B}'$ eine (2×3)-Matrix bilden.

Wir geben nun noch die wichtigsten Rechenregeln für die Matrizenaddition an.

(22.2) Satz

Es seien $\mathbf{A}$, $\mathbf{B}$ und $\mathbf{C}$ $(m \times n)$-Matrizen. Dann gilt:

(a) $\mathbf{A} + \mathbf{B} = \mathbf{B} + \mathbf{A}$ (Kommutativgesetz)

(b) $(\mathbf{A} + \mathbf{B}) + \mathbf{C} = \mathbf{A} + (\mathbf{B} + \mathbf{C})$ (Assoziativgesetz)

(c) $(\mathbf{A} + \mathbf{B})' = \mathbf{A}' + \mathbf{B}'$.

Multiplikation einer Matrix mit einer Zahl

Die beiden Wagen W_1, W_2 eines Taxiunternehmens legen an den Tagen Fr., Sa., So. folgende Strecken in km zurück:

	Fahrstrecke		
	Fr.	Sa.	So.
W_1	300	320	400
W_2	260	280	380

Setzt man voraus, daß jeder Wagen 15 *l* Kraftstoff pro 100 km benötigt, so erhält man den täglichen Kraftstoffverbrauch jedes Wagens, indem man jede Kilometerzahl mit 0,15 multipliziert.

	Kraftstoffverbrauch		
	Fr.	Sa.	So.
W_1	$300 \cdot 0{,}15 = 45$	$320 \cdot 0{,}15 = 48$	$400 \cdot 0{,}15 = 60$
W_2	$260 \cdot 0{,}15 = 39$	$280 \cdot 0{,}15 = 42$	$380 \cdot 0{,}15 = 57$

(22.3) Definition

Gegeben sei die Matrix $\mathbf{A} = \|a_{ij}\|_{(m \times n)}$ und $\lambda \in \mathbb{R}$. Dann gilt:

$$\lambda \cdot \mathbf{A} = \lambda \cdot \|a_{ij}\|_{(m \times n)} = \|\lambda a_{ij}\|_{(m \times n)}.$$

Beispiele

Aus $\mathbf{A} = \begin{pmatrix} 3 & 0 \\ 1 & 2 \\ 4 & 6 \end{pmatrix}$ und $\mathbf{a} = \begin{pmatrix} 1 \\ 2 \end{pmatrix}$ erhält man $2 \cdot \mathbf{A} = \begin{pmatrix} 6 & 0 \\ 2 & 4 \\ 8 & 12 \end{pmatrix}$ und $\frac{1}{2}\mathbf{a} = \begin{pmatrix} \frac{1}{2} \\ 1 \end{pmatrix}$.

Skalarprodukt von Vektoren

In einem Warenlager seien der mengenmäßige Bestand von drei Artikeln und die Preise pro ME der einzelnen Artikel durch den Bestandsvektor $\mathbf{x} = \begin{pmatrix} x_1 \\ x_2 \\ x_3 \end{pmatrix}$ und den Preisvektor $\mathbf{p} = \begin{pmatrix} p_1 \\ p_2 \\ p_3 \end{pmatrix}$ wiedergegeben. Der Gesamtwert W des Lagers ergibt sich dann sofort als Summe $W = x_1 p_1 + x_2 p_2 + x_3 p_3$. Wie hieraus ersichtlich, erhält man W aus den beiden Vektoren $\mathbf{x}$ und $\mathbf{p}$, indem man die an gleicher Stelle stehenden Elemente multipliziert und diese Produkte dann addiert, d. h.

$$W = \mathbf{x}'\mathbf{p} = (x_1, x_2, x_3) \begin{pmatrix} p_1 \\ p_2 \\ p_3 \end{pmatrix} = x_1 p_1 + x_2 p_2 + x_3 p_3.$$

Das Ergebnis einer solchen Multiplikation zwischen einem Zeilenvektor und einem Spaltenvektor bezeichnet man üblicherweise als Skalarprodukt. Der Zeilenvektor steht dabei immer links, der Spaltenvektor rechts.

(22.4) Definition

Es seien $\mathbf{x} = \begin{pmatrix} x_1 \\ \vdots \\ x_n \end{pmatrix}$ und $\mathbf{y} = \begin{pmatrix} y_1 \\ \vdots \\ y_n \end{pmatrix}$ Vektoren. Dann gilt:

$$\mathbf{x}'\mathbf{y} = (x_1, \ldots, x_n) \begin{pmatrix} y_1 \\ \vdots \\ y_n \end{pmatrix} = x_1 y_1 + \ldots + x_n y_n = \sum_{i=1}^{n} x_i y_i.$$

Beispiele:

Gegeben seien die Vektoren $\mathbf{x} = \begin{pmatrix} 12 \\ 2 \\ 8 \end{pmatrix}$, $\mathbf{y} = \begin{pmatrix} 1 \\ 7 \\ 0 \end{pmatrix}$, $\mathbf{z} = \begin{pmatrix} 3 \\ 1 \end{pmatrix}$.

Dann ist $\mathbf{x}'\mathbf{y} = (12, 2, 8) \begin{pmatrix} 1 \\ 7 \\ 0 \end{pmatrix} = 12 \cdot 1 + 2 \cdot 7 + 8 \cdot 0 = 26$. Dagegen ist das Produkt $\mathbf{x}'\mathbf{z}$ nicht definiert, da beide Vektoren eine unterschiedliche Anzahl von Komponenten besitzen.

Multiplikation einer Matrix mit einem Spaltenvektor (lineare Gleichungssysteme)

In einer Weberei werden aus zwei verschiedenen Garnen G_1 und G_2 die Stoffe S_1, S_2 und S_3 hergestellt. Der Verbrauch an Garnen in g zur Herstellung von einem Meter der einzelnen Stoffe sei gemäß folgender Tabelle gegeben:

	Stoffe		
Garne	S_1	S_2	S_3
G_1	40	100	60
G_2	80	50	70

Will man nun x_1 m von Stoff S_1, x_2 m von Stoff S_2 sowie x_3 m von Stoff S_3 herstellen, so braucht man

$$\begin{aligned} 40x_1 + 100x_2 + 60x_3 &= b_1 \text{ g von } G_1 \\ 80x_1 + 50x_2 + 70x_3 &= b_2 \text{ g von } G_2 . \end{aligned}$$

Sind dabei die Werte b_1 und b_2 fest vorgegeben, so erhebt sich die Frage, wieviel Meter man bei diesem konstanten Garnverbrauch von den Stoffen S_1, S_2 und S_3 herstellen kann. Es sind also alle möglichen Kombinationen von x_1, x_2 und x_3, d.h. alle Vektoren $\mathbf{x} = \begin{pmatrix} x_1 \\ x_2 \\ x_3 \end{pmatrix}$ zu bestimmen, die diese beiden linearen Gleichungen erfüllen.

Man kann dieses System von zwei linearen Gleichungen auch in der Matrizenschreibweise

$$\underbrace{\begin{pmatrix} 40 & 100 & 60 \\ 80 & 50 & 70 \end{pmatrix}}_{\mathbf{A}} \cdot \underbrace{\begin{pmatrix} x_1 \\ x_2 \\ x_3 \end{pmatrix}}_{\mathbf{x}} = \underbrace{\begin{pmatrix} b_1 \\ b_2 \end{pmatrix}}_{\mathbf{b}}$$

darstellen. Dabei ist die Multiplikation so definiert, daß sich b_1 und b_2 als Skalarprodukte der ersten bzw. zweiten Zeile der Matrix **A** mit dem Vektor **x** ergeben, d.h.

$$b_1 = (40, 100, 60)\begin{pmatrix} x_1 \\ x_2 \\ x_3 \end{pmatrix} \quad \text{und} \quad b_2 = (80, 50, 70)\begin{pmatrix} x_1 \\ x_2 \\ x_3 \end{pmatrix}.$$

(22.5) Definition

Das Produkt zwischen einer $(m \times n)$-Matrix **A** und einem $(n \times 1)$-Vektor **x** ist definiert gemäß

$$\begin{pmatrix} a_{11} & \dots & a_{1n} \\ a_{21} & \dots & a_{2n} \\ \vdots & & \vdots \\ a_{m1} & \dots & a_{mn} \end{pmatrix}\begin{pmatrix} x_1 \\ x_2 \\ \vdots \\ x_n \end{pmatrix} = \begin{pmatrix} b_1 \\ b_2 \\ \vdots \\ b_m \end{pmatrix} \text{ mit } \begin{aligned} b_1 &= a_{11}x_1 + \dots + a_{1n}x_n \\ b_2 &= a_{21}x_1 + \dots + a_{2n}x_n \\ &\vdots \\ b_m &= a_{m1}x_1 + \dots + a_{mn}x_n \end{aligned}.$$

Bei konstantem Vektor **b** und variablem Vektor **x** bezeichnet man **Ax** = **b** als lineares Gleichungssystem.

Multiplikation von Matrizen

Die Multiplikation zwischen den Matrizen

$$\mathbf{A} = \begin{pmatrix} a_{11} & \dots & a_{1n} \\ \cdot & & \cdot \\ \cdot & & \cdot \\ \cdot & & \cdot \\ a_{m1} & \dots & a_{mn} \end{pmatrix} \quad \text{und} \quad \mathbf{B} = \begin{pmatrix} b_{11} & \dots & b_{1r} \\ \cdot & & \cdot \\ \cdot & & \cdot \\ \cdot & & \cdot \\ b_{n1} & \dots & b_{nr} \end{pmatrix}$$

ist ähnlich definiert wie die Multiplikation zwischen einer Matrix und einem Spaltenvektor.

Faßt man nämlich die Spalten der Matrix **B** als Spaltenvektoren $\mathbf{b}_1, \dots, \mathbf{b}_r$ auf, so gilt $\mathbf{B} = (\mathbf{b}_1, \dots, \mathbf{b}_r)$. Unter dem Produkt $\mathbf{A} \cdot \mathbf{B}$ versteht man dann die Matrix

$$\mathbf{A} \cdot \mathbf{B} = \mathbf{A} \cdot (\mathbf{b}_1, \dots, \mathbf{b}_r) = (\mathbf{A}\mathbf{b}_1, \dots, \mathbf{A}\mathbf{b}_r),$$

die wir erhalten, wenn wir die Matrix **A** der Reihe nach mit den Spaltenvektoren $\mathbf{b}_1, \dots \mathbf{b}_r$ multiplizieren.

Führen wir diese Operationen aus, so ergibt sich:

$$\mathbf{A}\mathbf{b}_1 = \begin{pmatrix} a_{11} & \dots & a_{1n} \\ \cdot & & \cdot \\ \cdot & & \cdot \\ \cdot & & \cdot \\ a_{m1} & \dots & a_{mn} \end{pmatrix} \begin{pmatrix} b_{11} \\ \cdot \\ \cdot \\ \cdot \\ b_{n1} \end{pmatrix} = \begin{pmatrix} \sum_{j=1}^{n} a_{1j} b_{j1} \\ \cdot \\ \cdot \\ \cdot \\ \sum_{j=1}^{n} a_{mj} b_{j1} \end{pmatrix}$$

$$\vdots$$

$$\mathbf{A}\mathbf{b}_r = \begin{pmatrix} a_{11} & \dots & a_{1n} \\ \cdot & & \cdot \\ \cdot & & \cdot \\ \cdot & & \cdot \\ a_{m1} & \dots & a_{mn} \end{pmatrix} \begin{pmatrix} b_{1r} \\ \cdot \\ \cdot \\ \cdot \\ b_{nr} \end{pmatrix} = \begin{pmatrix} \sum_{j=1}^{n} a_{1j} b_{jr} \\ \cdot \\ \cdot \\ \cdot \\ \sum_{j=1}^{n} a_{mj} b_{jr} \end{pmatrix}.$$

Die Produktmatrix hat deshalb die Form

$$\mathbf{A} \cdot \mathbf{B} = \mathbf{A} \cdot (\mathbf{b}_1, \dots, \mathbf{b}_r) = \begin{pmatrix} \sum_{j=1}^{n} a_{1j} b_{j1} & \dots & \sum_{j=1}^{n} a_{1j} b_{jr} \\ \cdot & & \cdot \\ \cdot & & \cdot \\ \cdot & & \cdot \\ \sum_{j=1}^{n} a_{mj} b_{j1} & \dots & \sum_{j=1}^{n} a_{mj} b_{jr} \end{pmatrix}.$$

Das Produkt $\mathbf{A} \cdot \mathbf{B}$ ist also definiert gemäß

(22.6) Definition

Gegeben seien die Matrizen $\mathbf{A} = \|a_{ij}\|_{(m \times n)}$ und $\mathbf{B} = \|b_{jk}\|_{(n \times r)}$. Dann gilt:

$$\mathbf{A} \cdot \mathbf{B} = \|a_{ij}\|_{(m \times n)} \cdot \|b_{jk}\|_{(n \times r)} = \left\|\sum_{j=1}^{n} a_{ij} b_{jk}\right\|_{(m \times r)}.$$

Bemerkung: Wie man hieraus ersieht, ergibt sich das Element in der i-ten Zeile und k-ten Spalte von $\mathbf{A} \cdot \mathbf{B}$ als Skalarprodukt der i-ten Zeile von $\mathbf{A}$ und der k-ten Spalte von $\mathbf{B}$. Die Matrizenmultiplikation ist also nur definiert, wenn die Spaltenzahl von $\mathbf{A}$ mit der Zeilenzahl von $\mathbf{B}$ übereinstimmt. Wir wollen uns dies an folgendem Schema veranschaulichen:

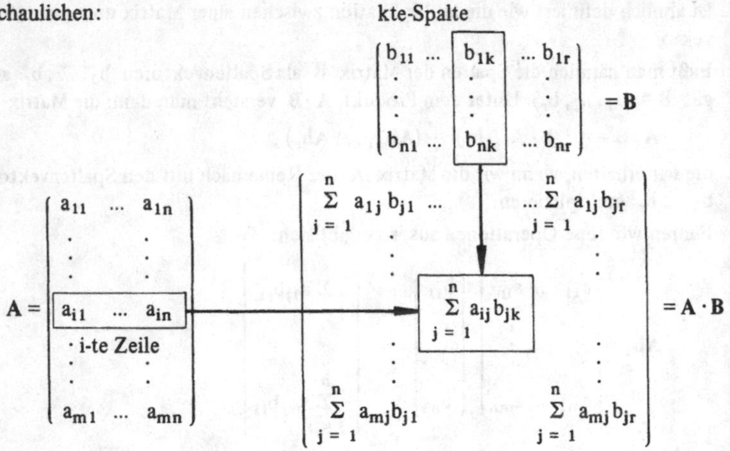

Beispiele

(1)

$$\begin{array}{c|c} & \begin{pmatrix} -3 & 4 & 2 & 0 & 0 \\ 2 & -1 & 1 & 4 & 0 \\ 0 & -2 & 0 & 0 & 1 \end{pmatrix} = \mathbf{B} \\ \hline \mathbf{A} = \begin{pmatrix} 1 & -2 & 0 \\ 3 & 0 & 1 \end{pmatrix} & \begin{pmatrix} -7 & 6 & 0 & -8 & 0 \\ -9 & 10 & 6 & 0 & 1 \end{pmatrix} = \mathbf{AB} \end{array}$$

Bei der hier gewählten Anordnung kann man sofort erkennen, aus welchen Zeilen von **A** bzw. Spalten von **B** jeweils die Elemente der Produktmatrix **AB** berechnet werden. Man sollte diese etwas umständliche Schreibweise aber nur solange benützen, bis die Matrizenmultiplikation eingeübt ist.

(2) Es gilt:

$$\begin{pmatrix} 1 & 1 \\ 3 & 0 \\ 4 & 2 \end{pmatrix} \begin{pmatrix} 1 & 4 \\ 2 & 1 \end{pmatrix} = \begin{pmatrix} 1 \cdot 1 + 1 \cdot 2 & 1 \cdot 4 + 1 \cdot 1 \\ 3 \cdot 1 + 0 \cdot 2 & 3 \cdot 4 + 0 \cdot 1 \\ 4 \cdot 1 + 2 \cdot 2 & 4 \cdot 4 + 2 \cdot 1 \end{pmatrix} = \begin{pmatrix} 3 & 5 \\ 3 & 12 \\ 8 & 18 \end{pmatrix}.$$

Dagegen ist das Produkt $\begin{pmatrix}1 & 4\\2 & 1\end{pmatrix}\begin{pmatrix}1 & 1\\3 & 0\\4 & 2\end{pmatrix}$ nicht definiert.

Weiter ist $(2, 0, -1)\begin{pmatrix}3\\5\\0\end{pmatrix} = 6$ und $\begin{pmatrix}3\\5\\0\end{pmatrix}(2, 0, -1) = \begin{pmatrix}6 & 0 & -3\\10 & 0 & -5\\0 & 0 & 0\end{pmatrix}$.

Daraus ist ersichtlich, daß man bei der Matrizenmultiplikation im allgemeinen die Reihenfolge der Faktoren nicht vertauschen darf.

(3)
$$\mathbf{A}\cdot\mathbf{1} = \begin{pmatrix}a_{11} & \dots & a_{1n}\\ \vdots & & \vdots\\ a_{m1} & \dots & a_{mn}\end{pmatrix}\begin{pmatrix}1\\ \vdots\\ 1\end{pmatrix} = \begin{pmatrix}\sum_{j=1}^{n} a_{1j}\\ \vdots\\ \sum_{j=1}^{n} a_{mj}\end{pmatrix}.$$

Die Multiplikation mit dem Vektor $\mathbf{1} = \begin{pmatrix}1\\ \vdots\\ 1\end{pmatrix}$ bewirkt also jeweils die Addition der in jeder Zeile stehenden Elemente.

Schreibt man die $(m \times 3)$-Matrix $\mathbf{A}$ in der Form $\mathbf{A} = (\mathbf{a}_1, \mathbf{a}_2, \mathbf{a}_3)$, so gilt:

$$(\mathbf{a}_1, \mathbf{a}_2, \mathbf{a}_3)\cdot\begin{pmatrix}0 & 0 & 1\\0 & 1 & 0\\1 & 0 & 0\end{pmatrix} = (\mathbf{a}_3, \mathbf{a}_2, \mathbf{a}_1).$$

(4) Die Multiplikation mit dieser Matrix bewirkt also die Vertauschung der ersten und dritten Spalte von $\mathbf{A}$.

$$(\mathbf{a}_1, \mathbf{a}_2, \mathbf{a}_3)\cdot\begin{pmatrix}1 & 0 & 0\\0 & 1 & 0\\-1 & 0 & 1\end{pmatrix} = (\mathbf{a}_1 - \mathbf{a}_3, \mathbf{a}_2, \mathbf{a}_3)\cdot$$

Durch die Multiplikation mit dieser Matrix wird somit die dritte Spalte von der ersten subtrahiert.

(5) Die Matrizenmultiplikation kann man beispielsweise interpretieren als Hintereinanderschaltung betrieblicher Umwandlungsprozesse. Wir betrachten dazu einen Betrieb, der aus den Rohstoffen R_1, R_2 die Halbprodukte H_1, H_2, H_3 und aus diesen Halbprodukten die Endprodukte E_1, E_2 herstellt. Der dabei entstehende Materialverbrauch sei gemäß folgenden Tabellen gegeben:

	H_1	H_2	H_3
R_1	2	0	6
R_2	4	1	0

	E_1	E_2
H_1	0	3
H_2	7	9
H_3	2	5

Der Verbrauch x_1, x_2, x_3 an Halbprodukten zur Herstellung von y_1 ME von E_1 und y_2 ME von E_2 und der entsprechende Verbrauch z_1, z_2 an Rohstoffen zur Herstellung von x_1, x_2 und x_3 ME der Halbprodukte wird dann beschrieben durch die linearen Gleichungssysteme

$$\text{(I)} \quad \begin{pmatrix} 0 & 3 \\ 7 & 9 \\ 2 & 5 \end{pmatrix} \begin{pmatrix} y_1 \\ y_2 \end{pmatrix} = \begin{pmatrix} x_1 \\ x_2 \\ x_3 \end{pmatrix} \quad \text{und} \quad \text{(II)} \quad \begin{pmatrix} 2 & 0 & 6 \\ 4 & 1 & 0 \end{pmatrix} \begin{pmatrix} x_1 \\ x_2 \\ x_3 \end{pmatrix} = \begin{pmatrix} z_1 \\ z_2 \end{pmatrix}.$$

Setzt man (I) in (II) ein, so ergibt sich das Gleichungssystem

$$\left[\begin{pmatrix} 2 & 0 & 6 \\ 4 & 1 & 0 \end{pmatrix} \cdot \begin{pmatrix} 0 & 3 \\ 7 & 9 \\ 2 & 5 \end{pmatrix}\right] \cdot \begin{pmatrix} y_1 \\ y_2 \end{pmatrix} = \begin{pmatrix} 12 & 36 \\ 7 & 21 \end{pmatrix} \begin{pmatrix} y_1 \\ y_2 \end{pmatrix} = \begin{pmatrix} z_1 \\ z_2 \end{pmatrix}$$

aus dem man dann direkt ablesen kann, wieviel Rohstoffe zur Herstellung der Endprodukte benötigt werden:

	E_1	E_2
R_1	12	36
R_2	7	21

Die wichtigsten Rechenregeln für die Matrizenmultiplikation fassen wir zusammen in folgendem

(22.7) Satz

Es seien A, F (m × n)-Matrizen, B, G (n × r)-Matrizen, C eine (r × s)-Matrix sowie $\lambda \in \mathbb{R}$. Dann gilt:

(a) $(A \cdot B) \cdot C = A \cdot (B \cdot C)$ (Assoziativgesetz)
(b) $A \cdot (\lambda B) = \lambda (A \cdot B)$
(c) $A \cdot (B + G) = A \cdot B + A \cdot G$, $(A + F) \cdot B = A \cdot B + F \cdot B$ (Distributivgesetze)
(d) $(A \cdot B)' = B' \cdot A'$
(e) im allgemeinen gilt jedoch: $A \cdot B \neq B \cdot A$.

§ 23 Vektoren im n-dimensionalen Raum $\mathbb{R}^n$

In der Analysis haben wir die reellen Zahlen zu einer Menge $\mathbb{R}$ zusammengefaßt. Auf ähnliche Weise bilden wir nun aus allen Vektoren mit jeweils n Komponenten den n-dimensionalen Raum

$$\mathbb{R}^n = \{x = (x_1, \ldots, x_n) \mid x_1, \ldots, x_n \in \mathbb{R}\} = \left\{x = \begin{pmatrix} x_1 \\ \vdots \\ x_n \end{pmatrix} \middle| x_1, \ldots, x_n \in \mathbb{R}\right\}.$$

Einen Vektor $\mathbf{x} = (x_1, \ldots, x_n) \in \mathbb{R}^n$ kann man auffassen als ein geordnetes n-tupel reeller Zahlen. Geometrisch stellt ein solcher Vektor einen Punkt im n-dimensionalen Raum mit den Koordinaten $x_1, \ldots, x_n$ oder einen vom Ursprung **o** zum Punkt **x** gerichteten Pfeil dar. Da es für die geometrische Interpretation gleichgültig ist, ob es sich um einen Spalten- bzw. Zeilenvektor handelt, verwenden wir hier die jeweils bequemere Schreibweise.

Beispiel

Der $\mathbb{R}^1$ stimmt mit der Menge $\mathbb{R}$ überein, der $\mathbb{R}^2$ stellt eine Ebene (Bild 3-1) und der $\mathbb{R}^3$ den aus der Anschauung gewohnten dreidimensionalen Raum dar (Bild 3-2).

Die Addition von Vektoren und die Multiplikation von Vektoren mit einer reellen Zahl ist natürlich definiert wie die entsprechenden Matrizenoperationen. Für die Vektoren $\mathbf{x}, \mathbf{y} \in \mathbb{R}^n$ und die Zahl $\lambda \in \mathbb{R}$ gilt nämlich:

$$\mathbf{x} + \mathbf{y} = \begin{pmatrix} x_1 \\ \vdots \\ x_n \end{pmatrix} + \begin{pmatrix} y_1 \\ \vdots \\ y_n \end{pmatrix} = \begin{pmatrix} x_1 + y_1 \\ \vdots \\ x_n + y_n \end{pmatrix} \quad \text{und} \quad \lambda \mathbf{x} = \lambda \begin{pmatrix} x_1 \\ \vdots \\ x_n \end{pmatrix} = \begin{pmatrix} \lambda x_1 \\ \vdots \\ \lambda x_n \end{pmatrix}.$$

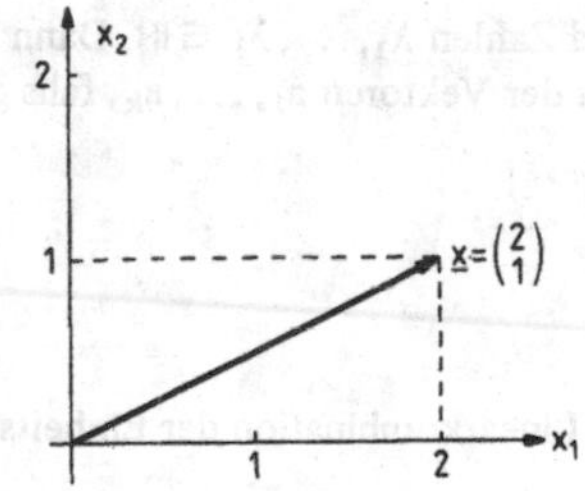

Bild 3-1

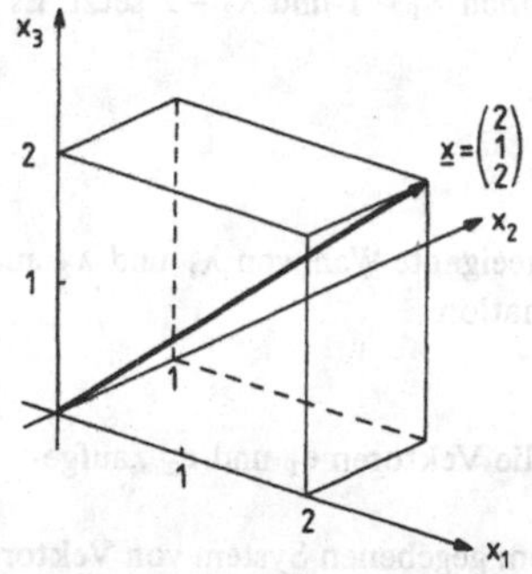

Bild 3-2

Die Multiplikation eines Vektors mit einer Zahl bedeutet dann geometrisch, daß die Länge des Vektors verändert bzw. seine Richtung umgekehrt wird. Bei der Addition erhält man den Vektor $\mathbf{x} + \mathbf{y}$ als Diagonale des Parallelogramms, das aus den Vektoren $\mathbf{x}$ und $\mathbf{y}$ gebildet wird.

Beispiel (Bild 3-3)

Werden beide Rechenoperationen gleichzeitig ausgeführt, so spricht man von einer Linearkombination.

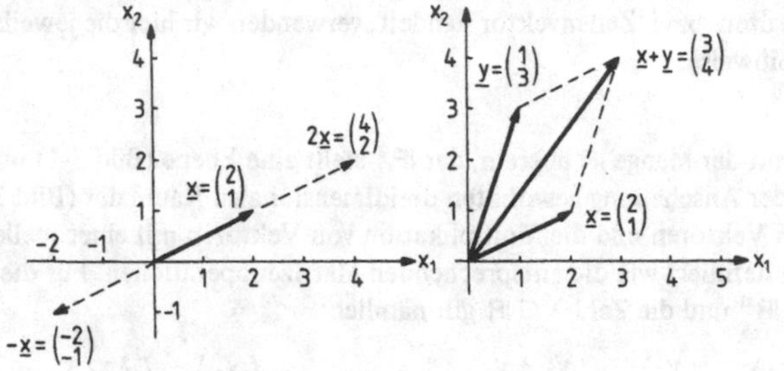

Bild 3-3

(23.1) Definition

Gegeben seien die Vektoren $\mathbf{a}_1, \ldots, \mathbf{a}_k \in \mathbb{R}^n$ und Zahlen $\lambda_1, \ldots, \lambda_k \in \mathbb{R}$. Dann heißt ein Vektor $\mathbf{a} \in \mathbb{R}^n$ eine Linearkombination der Vektoren $\mathbf{a}_1, \ldots, \mathbf{a}_k$, falls gilt:

$$\mathbf{a} = \lambda_1 \mathbf{a}_1 + \ldots + \lambda_k \mathbf{a}_k = \sum_{i=1}^{k} \lambda_i \mathbf{a}_i.$$

Beispiel

Den Vektor $\mathbf{a} = \begin{pmatrix} 1 \\ 2 \end{pmatrix}$ kann man beispielsweise als Linearkombination der Einheitsvektoren $\mathbf{e}_1 = \begin{pmatrix} 1 \\ 0 \end{pmatrix}$ und $\mathbf{e}_2 = \begin{pmatrix} 0 \\ 1 \end{pmatrix}$ bilden, indem man $\lambda_1 = 1$ und $\lambda_2 = 2$ setzt. Es gilt nämlich:

$$\begin{pmatrix} 1 \\ 2 \end{pmatrix} = 1 \begin{pmatrix} 1 \\ 0 \end{pmatrix} + 2 \begin{pmatrix} 0 \\ 1 \end{pmatrix}.$$

Wie man weiterhin leicht sieht, läßt sich durch geeignete Wahl von λ_1 und λ_2 auch jeder beliebige Vektor $\mathbf{a} \in \mathbb{R}^2$ als Linearkombination

$$\mathbf{a} = \lambda_1 \mathbf{e}_1 + \lambda_2 \mathbf{e}_2$$

darstellen. Man sagt dann, der $\mathbb{R}^2$ wird durch die Vektoren $\mathbf{e}_1$ und $\mathbf{e}_2$ „aufgespannt" oder „erzeugt".

Es stellt sich nun das Problem, wie man bei einem gegebenen System von Vektoren feststellen kann, ob sich jeder Punkt des $\mathbb{R}^n$ als Linearkombination dieser Vektoren erzeugen läßt. Zur Beantwortung dieser Frage benötigen wir die folgenden Begriffe:

(23.2) Definition

Die Vektoren $\mathbf{a}_1, \ldots, \mathbf{a}_k \in \mathbb{R}^n$ heißen

(a) linear unabhängig, falls aus $\lambda_1 \mathbf{a}_1 + \ldots + \lambda_k \mathbf{a}_k = \mathbf{o}$ stets folgt: $\lambda_1 = \lambda_2 = \ldots = \lambda_k = 0$.

(b) linear abhängig, falls es Zahlen $\lambda_1, \ldots, \lambda_k \in \mathbb{R}$ gibt, die nicht alle gleich Null sind, so daß gilt:

$$\lambda_1 \mathbf{a}_1 + \ldots + \lambda_k \mathbf{a}_k = \mathbf{o}.$$

Bemerkung: **Die Vektoren $\mathbf{a}_1, \ldots, \mathbf{a}_k \in \mathbb{R}^n$ sind also nach dieser Definition linear unabhängig, falls man keinen dieser Vektoren als Linearkombination der anderen darstellen kann; sie sind dagegen linear abhängig, falls man mindestens einen dieser Vektoren als Linearkombination der anderen schreiben kann.**

Beispiele

(1) Die Einheitsvektoren $\mathbf{e}_1, \ldots, \mathbf{e}_n \in \mathbb{R}^n$ sind linear unabhängig, da aus

$$\lambda_1 \begin{pmatrix} 1 \\ 0 \\ \vdots \\ 0 \end{pmatrix} + \lambda_2 \begin{pmatrix} 0 \\ 1 \\ \vdots \\ 0 \end{pmatrix} + \ldots + \lambda_n \begin{pmatrix} 0 \\ 0 \\ \vdots \\ 1 \end{pmatrix} = \begin{pmatrix} \lambda_1 \\ \lambda_2 \\ \vdots \\ \lambda_n \end{pmatrix} = \begin{pmatrix} 0 \\ 0 \\ \vdots \\ 0 \end{pmatrix}$$

stets folgt: $\lambda_1 = \lambda_2 = \ldots = \lambda_n = 0$.

(2) Die Vektoren $\mathbf{a}_1 = \begin{pmatrix} 3 \\ 1 \end{pmatrix}$, $\mathbf{a}_2 = \begin{pmatrix} 0 \\ 2 \end{pmatrix}$, $\mathbf{a}_3 = \begin{pmatrix} -1 \\ 0 \end{pmatrix}$ im $\mathbb{R}^2$ sind linear abhängig, da es beispielsweise Zahlen $\lambda_1 = 1$, $\lambda_2 = -\frac{1}{2}$, $\lambda_3 = 3$ gibt, so daß gilt:

$$\lambda_1 \mathbf{a}_1 + \lambda_2 \mathbf{a}_2 + \lambda_3 \mathbf{a}_3 = 1 \cdot \begin{pmatrix} 3 \\ 1 \end{pmatrix} - \frac{1}{2} \cdot \begin{pmatrix} 0 \\ 2 \end{pmatrix} + 3 \cdot \begin{pmatrix} -1 \\ 0 \end{pmatrix} = \begin{pmatrix} 0 \\ 0 \end{pmatrix}.$$

(3) Ein System $\mathbf{a}_1, \ldots, \mathbf{a}_k, \mathbf{o}$ von k Vektoren zusammen mit dem Nullvektor ist stets linear abhängig. In der Linearkombination $\lambda_1 \mathbf{a}_1 + \ldots + \lambda_k \mathbf{a}_k + \lambda_{k+1} \mathbf{o} = \mathbf{o}$ kann man beispielsweise setzen: $\lambda_1 = \ldots = \lambda_k = 0$, $\lambda_{k+1} = 1$.

(4) Im $\mathbb{R}^3$ sind drei Vektoren, die auf einer Ebene liegen, stets linear abhängig (Bild 3-4

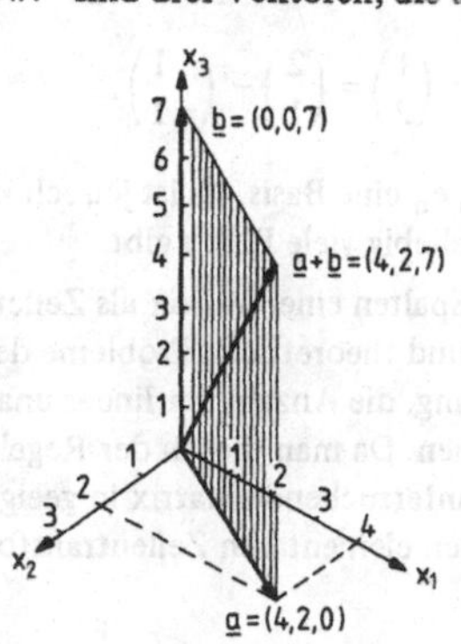

Bild 3-4

Über Systeme von linear unabhängigen bzw. linear abhängigen Vektoren gelten folgende Aussagen:

(23.3) Satz

(a) Seien $\mathbf{a}_1, \ldots, \mathbf{a}_k, \mathbf{a}_{k+1}, \ldots, \mathbf{a}_m$ linear unabhängig. Dann sind auch die Vektoren $\mathbf{a}_1, \ldots, \mathbf{a}_k$ linear unabhängig.

(b) Seien $\mathbf{a}_1, \ldots, \mathbf{a}_k$ linear abhängig. Dann sind auch die Vektoren $\mathbf{a}_1, \ldots, \mathbf{a}_k$, $\mathbf{a}_{k+1}, \ldots, \mathbf{a}_m$ linear abhängig.

(23.4) Satz

Gegeben seien die linear unabhängigen Vektoren $\mathbf{a}_1, \ldots, \mathbf{a}_i, \ldots, \mathbf{a}_j, \ldots, \mathbf{a}_m$ sowie die reelle Zahl $\lambda \neq 0$. Dann sind auch die Vektoren

$$\mathbf{a}_1, \ldots, \lambda\mathbf{a}_i, \ldots, \mathbf{a}_m \quad \text{bzw.} \quad \mathbf{a}_1, \ldots, \mathbf{a}_i, \ldots, \mathbf{a}_j + \lambda\mathbf{a}_i, \ldots, \mathbf{a}_m$$

linear unabhängig.

Man kann nun auch die Frage klären, wann ein gegebenes System von Vektoren den $\mathbb{R}^n$ „aufspannt“, oder wie man allgemein sagt, eine *Basis* des $\mathbb{R}^n$ bildet. Wir sagen:

(23.5) Definition

Je n linear unabhängige Vektoren aus dem $\mathbb{R}^n$ bilden eine Basis des $\mathbb{R}^n$. Man nennt die Zahl n die Dimension von $\mathbb{R}^n$.

Beispiel

(1) Im $\mathbb{R}^2$ bestehen beispielsweise die Systeme $\begin{pmatrix}1\\0\end{pmatrix}, \begin{pmatrix}0\\1\end{pmatrix}$ oder $\begin{pmatrix}1\\1\end{pmatrix}, \begin{pmatrix}0\\1\end{pmatrix}$ bzw. $\begin{pmatrix}2\\1\end{pmatrix}$, $\begin{pmatrix}1\\-1\end{pmatrix}$ aus je zwei linear unabhängigen Vektoren und bilden deshalb jeweils eine Basis des $\mathbb{R}^2$. Jeder beliebige Vektor aus dem $\mathbb{R}^2$ läßt sich dann als Linearkombination der entsprechenden Basisvektoren darstellen. So ergeben sich etwa für den Vektor $\begin{pmatrix}1\\2\end{pmatrix}$ die folgenden Darstellungsmöglichkeiten:

$$\begin{pmatrix}1\\2\end{pmatrix} = \begin{pmatrix}1\\0\end{pmatrix} + 2\begin{pmatrix}0\\1\end{pmatrix}; \quad \begin{pmatrix}1\\2\end{pmatrix} = \begin{pmatrix}1\\1\end{pmatrix} + \begin{pmatrix}0\\1\end{pmatrix}; \quad \begin{pmatrix}1\\2\end{pmatrix} = \begin{pmatrix}2\\1\end{pmatrix} - \begin{pmatrix}1\\-1\end{pmatrix}.$$

(2) Im $\mathbb{R}^n$ bilden die Einheitsvektoren $\mathbf{e}_1, \ldots, \mathbf{e}_n$ eine Basis. Es ist jedoch klar, daß es im $\mathbb{R}^n$ nicht nur eine einzige, sondern beliebig viele Basen gibt.

Wie bereits erwähnt, kann man die Zeilen bzw. Spalten einer Matrix als Zeilen- bzw. Spaltenvektoren auffassen. Für viele praktische und theoretische Probleme der Matrizenrechnung ist es nun von großer Bedeutung, die Anzahl der linear unabhängigen Zeilen- (Spalten-) Vektoren einer Matrix zu kennen. Da man dies in der Regel nicht ohne weiteres ablesen kann, formen wir die zu untersuchende Matrix in geeigneter Weise um. Wir benützen dazu hier die sogenannten elementaren Zeilentransformationen.

(23.6) Definition

Gegeben sei die $(m \times n)$-Matrix $A = \begin{pmatrix} a_1 \\ \vdots \\ a_m \end{pmatrix}$ mit den Zeilenvektoren $a_1, \ldots, a_m \in \mathbb{R}^n$.

Unter elementaren Zeilentransformationen versteht man dann die folgenden Umformungen der Matrix A:

1. *Vertauschen der i-ten und j-ten Zeile:*

$$A = \begin{pmatrix} \vdots \\ a_i \\ \vdots \\ a_j \\ \vdots \end{pmatrix} \to \begin{pmatrix} \vdots \\ a_j \\ \vdots \\ a_i \\ \vdots \end{pmatrix}.$$

2. *Multiplikation der i-ten Zeile mit einer Zahl $\lambda \neq 0$:*

$$A = \begin{pmatrix} \vdots \\ a_i \\ \vdots \end{pmatrix} \to \begin{pmatrix} \vdots \\ \lambda a_i \\ \vdots \end{pmatrix}$$

3. *Addition des λ-fachen der i-ten Zeile zur j-ten Zeile:*

$$A = \begin{pmatrix} \vdots \\ a_i \\ \vdots \\ a_j \\ \vdots \end{pmatrix} \to \begin{pmatrix} \vdots \\ a_i \\ \vdots \\ a_j + \lambda a_i \\ \vdots \end{pmatrix}.$$

Durch Anwendung von endlich vielen elementaren Zeilentransformationen kann man jede $(m \times n)$-Matrix A in eine Matrix $\tilde{A}$ von Dreiecksstufengestalt umformen, die wie folgt definiert ist:

(23.7) Definition

Eine Matrix $\tilde{A}$ von Dreiecksstufengestalt ist eine Matrix der Form

$$\tilde{A} = \begin{pmatrix} \tilde{a}_{1k_1} & \cdots & & & \\ & & \tilde{a}_{2k_2} & \cdots & \\ & & & \ddots & \\ & & & & \tilde{a}_{rk_r} \; \cdots \\ & 0 & & & \end{pmatrix}$$

wobei alle Elemente unterhalb der Dreiecksstufe gleich Null, alle Elemente oberhalb der Dreiecksstufe beliebig und die Elemente $\tilde{a}_{1k_1}, \ldots, \tilde{a}_{rk_r}$ in den Stufenkanten von Null verschieden sind. Dabei gelte $1 \leq k_1 \leq \ldots \leq k_r \leq n$.

Weiter setzen wir

(23.8) Definition

Gegeben seien die Matrizen A und die aus A durch elementare Zeilentransformationen hervorgegangene Dreiecksstufenmatrix $\tilde{A}$. Dann bezeichnet man die Anzahl der Zeilen von $\tilde{A}$, in denen mindestens ein von Null verschiedenes Element steht, als den Rang von A. Man schreibt abkürzend r (A).

Da sich gemäß Satz (23.4) durch Anwendung elementarer Zeilentransformationen die Anzahl der linear unabhängigen Zeilenvektoren einer Matrix nicht ändert, erhalten wir nun folgenden

(23.9) Satz

Der Rang einer Matrix A stimmt mit der Anzahl der linear unabhängigen Zeilenvektoren von A überein.

Bemerkung: Man könnte nun auf analoge Weise mit Hilfe elementarer Spaltentransformationen auch noch die Anzahl der linear unabhängigen Spaltenvektoren einer Matrix ermitteln. Wie sich jedoch zeigen läßt, stimmt diese Zahl überein mit dem Rang, also mit der Zahl der linear unabhängigen Zeilenvektoren. Wir beschränken uns hier deshalb ausschließlich auf die Anwendung elementarer Zeilentransformationen, da sich dieses Verfahren besonders für die Lösung linearer Gleichungssysteme eignet.

Beispiel:

Gegeben sei die Matrix

$$A = \begin{pmatrix} 2 & 0 & -4 & -2 & 0 \\ 3 & 1 & -6 & -1 & 2 \\ 4 & 2 & -2 & -3 & 0 \\ -1 & 1 & 8 & 0 & -2 \end{pmatrix}.$$

Diese Matrix bringen wir nun mit Hilfe elementarer Zeilentransformationen auf eine Dreiecksstufenform gemäß Definition (23.7).

Beim ersten Schritt machen wir alle Elemente unterhalb der ersten Stufenkante zu Null, beim zweiten Schritt alle Elemente unterhalb der zweiten Stufenkante usw. Zur Vermeidung von Rechenfehlern ist es dabei meist zweckmäßig, die Elemente in den Stufenkanten vorher auf den Wert Eins zu bringen.

Ferner ist es vorteilhaft, sich die jeweiligen Rechenoperationen an den Rand der entsprechenden Zeilen zu schreiben. Dabei bedeutet z. B. $\frac{1}{3}$ I, daß die erste Zeile mit $\frac{1}{3}$ multipliziert wird und II − 3 I, daß bei der vorhergehenden Matrix von der zweiten Zeile das Dreifache der ersten Zeile subtrahiert wird. Wir erhalten nun

$$A = \begin{pmatrix} 2 & 0 & -4 & -2 & 0 \\ 3 & 1 & -6 & -1 & 2 \\ 4 & 2 & -2 & -3 & 0 \\ -1 & 1 & 8 & 0 & -2 \end{pmatrix} \to \begin{pmatrix} 1 & 0 & -2 & -1 & 0 \\ 3 & 1 & -6 & -1 & 2 \\ 4 & 2 & -2 & -3 & 0 \\ -1 & 1 & 8 & 0 & -2 \end{pmatrix} \begin{matrix} \frac{1}{2}\mathrm{I} \\ \\ \\ \\ \end{matrix} \to$$

$$\to \begin{pmatrix} 1 & 0 & -2 & -1 & 0 \\ 0 & 1 & 0 & 2 & 2 \\ 0 & 2 & 6 & 1 & 0 \\ 0 & 1 & 6 & -1 & -2 \end{pmatrix} \begin{matrix} \\ \mathrm{II}-3\mathrm{I} \\ \mathrm{III}-4\mathrm{I} \\ \mathrm{IV}+\mathrm{I} \end{matrix} \to \begin{pmatrix} 1 & 0 & -2 & -1 & 0 \\ 0 & 1 & 0 & 2 & 2 \\ 0 & 0 & 6 & -3 & -4 \\ 0 & 0 & 6 & -3 & -4 \end{pmatrix} \begin{matrix} \\ \\ \mathrm{III}-2\mathrm{II} \\ \mathrm{IV}-\mathrm{II} \end{matrix} \to$$

$$\to \begin{pmatrix} 1 & 0 & -2 & -1 & 0 \\ 0 & 1 & 0 & 2 & 2 \\ 0 & 0 & 6 & -3 & -4 \\ 0 & 0 & 0 & 0 & 0 \end{pmatrix} \begin{matrix} \\ \\ \\ \mathrm{IV}-\mathrm{III} \end{matrix} = \tilde{A}.$$

Da die Matrix $\tilde{A}$ drei Zeilen besitzt, in denen mindestens ein von Null verschiedenes Element steht, gilt also $r(A) = 3$.

Wir fassen nun noch einige Rechenregeln für den Rang von Matrizen zusammen:

(23.10) Satz

Gegeben seien die $(m \times n)$-Matrix $\mathbf{A}$ und die $(n \times r)$-Matrix $\mathbf{B}$. Dann gilt:

(a) $r(A) = r(A')$;

(b) $r(A) \leqslant \min\{m, n\}$;

(c) $r(A \cdot B) \leqslant \min\{r(A), r(B)\}$.

§ 24 Lineare Gleichungssysteme

In § 22 haben wir im Zusammenhang mit der Matrizenmultiplikation bereits lineare Gleichungssysteme der Form

$$\begin{aligned} a_{11}x_1 + \ldots + a_{1n}x_n &= b_1 \\ a_{21}x_1 + \ldots + a_{2n}x_n &= b_2 \\ &\vdots \\ a_{m1}x_1 + \ldots + a_{mn}x_n &= b_m \end{aligned}$$

mit m Gleichungen und den n Unbekannten $x_1, \ldots, x_n$ behandelt. Wie wir gesehen haben, läßt sich ein solches lineares Gleichungssystem auch in der übersichtlichen Kurzform

$$Ax = b$$

schreiben, mit der Koeffizientenmatrix A und den Vektoren b und x gemäß

$$A = \begin{pmatrix} a_{11} & \ldots & a_{1n} \\ a_{21} & \ldots & a_{2n} \\ \vdots & & \vdots \\ a_{m1} & \ldots & a_{mn} \end{pmatrix}, \quad b = \begin{pmatrix} b_1 \\ \vdots \\ b_m \end{pmatrix}, \quad x = \begin{pmatrix} x_1 \\ \vdots \\ x_n \end{pmatrix}.$$

Jeden Vektor $\mathbf{x} \in \mathbb{R}^n$, der die Gleichung $\mathbf{Ax} = \mathbf{b}$ erfüllt, bezeichnen wir als eine Lösung dieses linearen Gleichungssystems.
Wir unterscheiden bezüglich der Lösbarkeit folgende Typen linearer Gleichungssysteme:

(24.1) Definition

Ein lineares Gleichungssystem $\mathbf{Ax} = \mathbf{b}$ heißt

(a) homogen, falls $\mathbf{b} = \mathbf{o}$ ist;
(b) inhomogen, falls $\mathbf{b} \neq \mathbf{o}$ ist.

Wir wollen uns nun anhand einiger Beispiele von linearen Gleichungssystemen klarmachen, welche Arten von Lösungen auftreten können. Dabei sei bemerkt, daß eine lineare Gleichung mit zwei Unbekannten geometrisch eine Gerade und eine lineare Gleichung mit drei Unbekannten eine Ebene darstellt. Die Lösung eines linearen Gleichungssystems ist geometrisch der Durchschnitt aller Geraden bzw. Ebenen, die durch die entsprechenden Gleichungen gegeben sind.

Homogene lineare Gleichungssysteme

Bei homogenen linearen Gleichungen mit zwei bzw. drei Unbekannten handelt es sich um Geraden bzw. Ebenen, die jeweils durch den Nullpunkt verlaufen. Jedes solche Gleichungssystem besitzt deshalb die Lösung $\mathbf{x} = \mathbf{o}$, die man auch die triviale Lösung nennt.

Beispiele

(1) $x_1 + x_2 = 0$ (Bild 3-5). Jeder Punkt auf der durch den Nullpunkt gehenden Geraden $x_2 = -x_1$ stellt eine Lösung dieses homogenen Gleichungssystems dar. Hat man eine bestimmte Lösung $\mathbf{x} \neq \mathbf{o}$, z. B. $\mathbf{x}_1^* = \begin{pmatrix} -1 \\ 1 \end{pmatrix}$, so kann man diese unendlich vielen Lösungen darstellen in der Form $\mathbf{x}^* = \lambda \mathbf{x}_1^*$ ($\lambda \in \mathbb{R}$ beliebig).

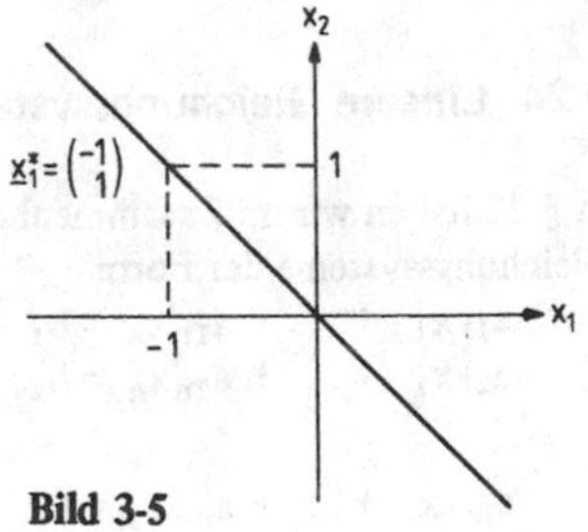

Bild 3-5

(2) $x_1 + x_2 = 0$
$x_1 - x_2 = 0$ (Bild 3-6).
Der Durchschnitt besteht nur aus dem Punkt $\mathbf{x} = (0, 0)$. Das Gleichungssystem besitzt also nur die triviale Lösung.

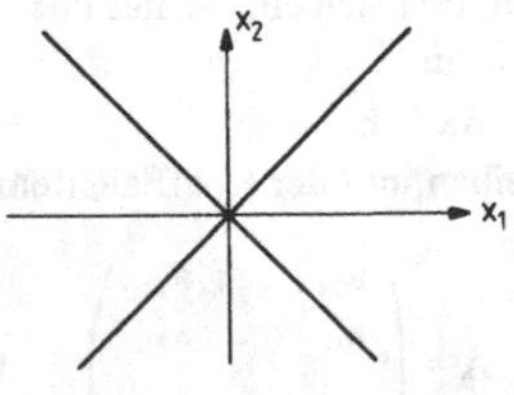

Bild 3-6

(3) Bei einer Gleichung von drei Unbekannten

$a_{11}x_1 + a_{12}x_2 + a_{13}x_3 = b_1$

mit $a_{11}, a_{12}, a_{13} \neq 0$

(Ebene durch den Nullpunkt) existieren unendlich viele Lösungen (Bild 3-7). Hat man zwei linear unabhängige Lösungsvektoren $\mathbf{x}_1^*$ und $\mathbf{x}_2^*$ ermittelt, so erhält man eine beliebige Lösung als Linearkombination $\mathbf{x}^* = \lambda_1 \mathbf{x}_1^* + \lambda_2 \mathbf{x}_2^*$ ($\lambda_1, \lambda_2 \in \mathbb{R}$).

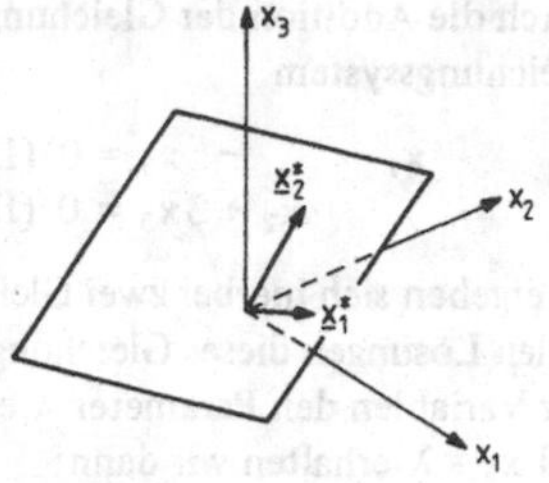

Bild 3-7

Allen diesen Beispielen von homogenen linearen Gleichungssystemen ist gemeinsam, daß entweder nur die triviale Lösung oder unendlich viele Lösungen existieren. Eine Aussage über die Existenz von nichttrivialen Lösungen $\mathbf{x}^* \neq \mathbf{o}$ gibt der folgende

(24.2) Satz

Ein homogenes lineares Gleichungssystem $\mathbf{A}\mathbf{x} = \mathbf{o}$ mit m Gleichungen und n Unbekannten besitzt genau dann eine nichttriviale Lösung, falls gilt:

$$r(\mathbf{A}) < n.$$

Man erhält die Lösung $\mathbf{x}^*$ von $\mathbf{A}\mathbf{x} = \mathbf{o}$ als Linearkombination

$$\mathbf{x}^* = \lambda_1 \mathbf{x}_1^* + \ldots + \lambda_d \mathbf{x}_d^*$$

von $d = n - r(\mathbf{A})$ linear unabhängigen Lösungsvektoren $\mathbf{x}_1^*, \ldots, \mathbf{x}_d^*$ ($\lambda_1, \ldots, \lambda_d \in \mathbb{R}$).

Beispiele

Diesen Satz wenden wir nun auf die Gleichungssysteme der obigen Beispiele an.

(1) Es ist $\mathbf{A} = (1, 1)$. Wegen $r(\mathbf{A}) = 1 < n = 2$ und $d = n - r(\mathbf{A}) = 1$ existiert eine nichttriviale Lösung.

(2) Es ist $\mathbf{A} = \begin{pmatrix} 1 & 1 \\ 1 & -1 \end{pmatrix} \rightarrow \begin{pmatrix} 1 & 1 \\ 0 & -2 \end{pmatrix}_{\mathrm{II-I}}$. Wegen $r(\mathbf{A}) = n = 2$ existiert nur die triviale Lösung.

(3) Hierbei ist $\mathbf{A} = (a_{11}, a_{12}, a_{13})$ und deshalb $r(\mathbf{A}) = 1$ sowie $n = 3$. Es existieren also $d = n - r(\mathbf{A}) = 2$ linear unabhängige Lösungsvektoren.

Bei der praktischen Lösung von solchen linearen Gleichungssystemen geht man im allgemeinen so vor, daß man durch geschicktes Addieren der einzelnen Gleichungen Variable eliminiert. So erhält man z. B. aus dem Gleichungssystem

$$\begin{aligned} x_1 \qquad\quad - x_3 &= 0 \quad (\mathrm{I}) \\ x_1 + x_2 + 2x_3 &= 0 \quad (\mathrm{II}) \\ -2x_1 - 2x_2 - 4x_3 &= 0 \quad (\mathrm{III}) \end{aligned}$$

durch die Addition der Gleichungen (II) − (I) und (III) + 2 (II) das vereinfachte Gleichungssystem

$$\begin{aligned} x_1 \qquad - x_3 &= 0 \quad (I') \\ x_2 + 3x_3 &= 0 \quad (II'). \end{aligned}$$

Es ergeben sich hierbei zwei Gleichungen mit drei Unbekannten. Um die unendlich vielen Lösungen dieses Gleichungssystems beschreiben zu können, setzen wir für eine der Variablen den Parameter λ ein.
Bei $x_3 = \lambda$ erhalten wir dann:

$$\begin{aligned} x_1 &= \lambda \\ x_2 &= -3\lambda \\ x_3 &= \lambda. \end{aligned}$$

Insgesamt ergibt sich also die Lösung $\mathbf{x}^* = \begin{pmatrix} x_1 \\ x_2 \\ x_3 \end{pmatrix} = \lambda \begin{pmatrix} 1 \\ -3 \\ 1 \end{pmatrix}, (\lambda \in \mathbb{R}).$

Bei einem umfangreichen Gleichungssystem $\mathbf{Ax} = \mathbf{o}$ ist unbedingt ein systematisches Vorgehen bei der Addition der Gleichungen erforderlich. Wir führen deshalb die Koeffizientenmatrix $\mathbf{A}$ mit Hilfe elementarer Zeilentransformationen in eine Matrix $\tilde{\mathbf{A}}$ von Dreiecksstufengestalt der Form

$$\tilde{\mathbf{A}} = \begin{pmatrix} \tilde{a}_{1k_1} \ \cdots & & & \\ & \tilde{a}_{2k_2} \ \cdots & & \\ & & \ddots & \\ 0 & & & \tilde{a}_{rk_r} \ \cdots \end{pmatrix}$$

gemäß Definition (23.7) über. Aus dem neuen Gleichungssystem $\tilde{\mathbf{A}}\mathbf{x} = \mathbf{o}$ bestimmt man dann alle Lösungen von $\mathbf{Ax} = \mathbf{o}$, indem man für $d = n - r(A)$ Variable die Zahlen $\lambda_1, \ldots, \lambda_d$ einsetzt. Dies darf jedoch nicht für die den Stufenkanten entsprechenden Variablen $x_{k_1}, \ldots, x_{k_r}$ durchgeführt werden.
Der Reihe nach berechnen wir nun durch rekursives Einsetzen die Variablen $x_n, x_{n-1}, \ldots, x_1$ und fassen die jeweils bei $\lambda_1, \ldots, \lambda_d$ stehenden Faktoren zu Vektoren $\mathbf{x}_1^*, \ldots, \mathbf{x}_d^*$ zusammen. Diese Vektoren sind linear unabhängig und die Lösung $\mathbf{x}^*$ von $\mathbf{Ax} = \mathbf{o}$ hat dann die Form:

$$\mathbf{x}^* = \lambda_1 \mathbf{x}_1^* + \ldots + \lambda_d \mathbf{x}_d^* \quad \text{mit } \lambda_1, \ldots, \lambda_d \in \mathbb{R}.$$

Beispiel

Gegeben sei das Gleichungssystem

$$\begin{aligned} x_1 + 2x_2 \qquad\quad + x_4 - 2x_5 &= 0 \\ 2x_1 + 4x_2 + x_3 \qquad\quad + x_5 &= 0 \\ -x_1 - 2x_2 - x_3 + x_4 - 3x_5 &= 0 \end{aligned}$$

$$\text{mit } \mathbf{A} = \begin{pmatrix} 1 & 2 & 0 & 1 & -2 \\ 2 & 4 & 1 & 0 & 1 \\ -1 & -2 & -1 & 1 & -3 \end{pmatrix} \to \begin{pmatrix} 1 & 2 & 0 & 1 & -2 \\ 0 & 0 & 1 & -2 & 5 \\ 0 & 0 & -1 & 2 & -5 \end{pmatrix} \begin{matrix} \\ \text{II} - 2\,\text{I} \to \\ \text{III} + \text{I} \end{matrix}$$

$$\to \begin{pmatrix} 1 & 2 & 0 & 1 & -2 \\ 0 & 0 & 1 & -2 & 5 \\ 0 & 0 & 0 & 0 & 0 \end{pmatrix} \begin{matrix} \\ \\ \text{III} + \text{II} \end{matrix} = \tilde{\mathbf{A}}.$$

Da hier $r(\mathbf{A}) = 2$ und $n = 5$ ist, gibt es also $d = n - r(\mathbf{A}) = 3$ linear unabhängige Lösungen $\mathbf{x}_1^*, \mathbf{x}_2^*$ und $\mathbf{x}_3^*$.
Man erhält diese Lösungen aus dem Gleichungssystem

$$\begin{aligned} x_1 + 2x_2 \quad + x_4 - 2x_5 &= 0 \\ x_3 - 2x_4 + 5x_5 &= 0, \end{aligned}$$

indem man für die nicht den Stufenkanten entsprechenden Variablen x_2, x_4, x_5 die Zahlen $x_2 = \lambda_1$, $x_4 = \lambda_2$, $x_5 = \lambda_3$ einsetzt. Es gilt dann:

$$\begin{aligned} x_1 &= -2\lambda_1 - \lambda_2 + 2\lambda_3 &&= -2\lambda_1 - \lambda_2 + 2\lambda_3 \\ x_2 &= \lambda_1 &&= \lambda_1 \\ x_3 &= 2\lambda_2 - 5\lambda_3 &&= 2\lambda_2 - 5\lambda_3 \\ x_4 &= \lambda_2 &&= \lambda_2 \\ x_5 &= \lambda_3 &&= \lambda_3. \end{aligned}$$

Es ergeben sich dann daraus die linear unabhängigen Vektoren

$$\mathbf{x}_1^* = \begin{pmatrix} -2 \\ 1 \\ 0 \\ 0 \\ 0 \end{pmatrix}, \quad \mathbf{x}_2^* = \begin{pmatrix} -1 \\ 0 \\ 2 \\ 1 \\ 0 \end{pmatrix}, \quad \mathbf{x}_3^* = \begin{pmatrix} 2 \\ 0 \\ -5 \\ 0 \\ 1 \end{pmatrix}$$

und die Lösung von $\mathbf{Ax} = \mathbf{o}$ gemäß

$$\mathbf{x}^* = \lambda_1 \mathbf{x}_1^* + \lambda_2 \mathbf{x}_2^* + \lambda_3 \mathbf{x}_3^* = \lambda_1 \begin{pmatrix} -2 \\ 1 \\ 0 \\ 0 \\ 0 \end{pmatrix} + \lambda_2 \begin{pmatrix} -1 \\ 0 \\ 2 \\ 1 \\ 0 \end{pmatrix} + \lambda_3 \begin{pmatrix} 2 \\ 0 \\ -5 \\ 0 \\ 1 \end{pmatrix}$$

mit $\lambda_1, \lambda_2, \lambda_3 \in \mathbb{R}$.

Inhomogene lineare Gleichungssysteme

Eine inhomogene Gleichung mit zwei bzw. drei Unbekannten stellt geometrisch eine Gerade bzw. eine Ebene dar, die nicht durch den Nullpunkt verläuft. Wir wollen uns nun wieder anhand einiger Beispiele überlegen, welche Lösungen dabei auftreten können.

Beispiele

(1) $x_1 + x_2 = 1$
$-x_1 + x_2 = 1$ (Bild 3-8).
Es existiert eine Lösung
$x = \begin{pmatrix} 0 \\ 1 \end{pmatrix}$ (Schnittpunkt der beiden Geraden).

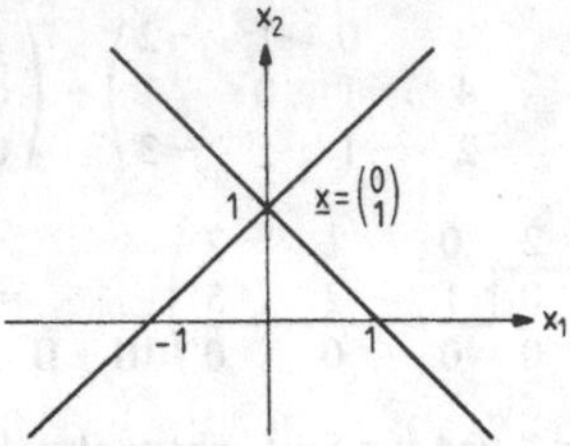

Bild 3-8

(2) $x_1 + x_2 = 1$ (Bild 3-9).
Hierbei stellt jeder Punkt auf der Geraden $x_1 + x_2 = 1$ eine Lösung dar. Man kann diese unendlich vielen Lösungen, d. h. diese Gerade, darstellen in der Form
$x = \begin{pmatrix} 1 \\ 0 \end{pmatrix} + \lambda \begin{pmatrix} -1 \\ 1 \end{pmatrix} \quad (\lambda \in \mathbb{R}).$

Dabei nennt man $\hat{x} = \begin{pmatrix} 1 \\ 0 \end{pmatrix}$ eine spezielle Lösung.

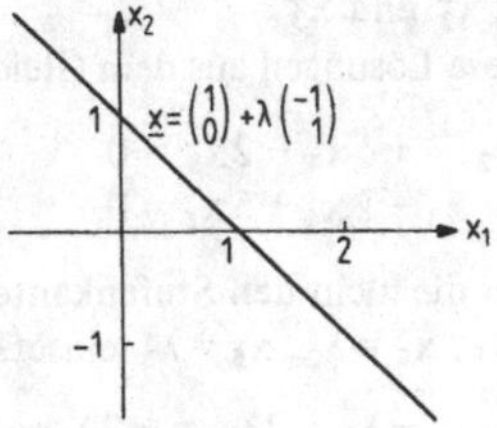

Bild 3-9

(3) $x_1 + x_2 = 1$
$x_1 + x_2 = 2$ (Bild 3-10)
Die beiden Geraden besitzen keinen Schnittpunkt; es existiert also keine Lösung.

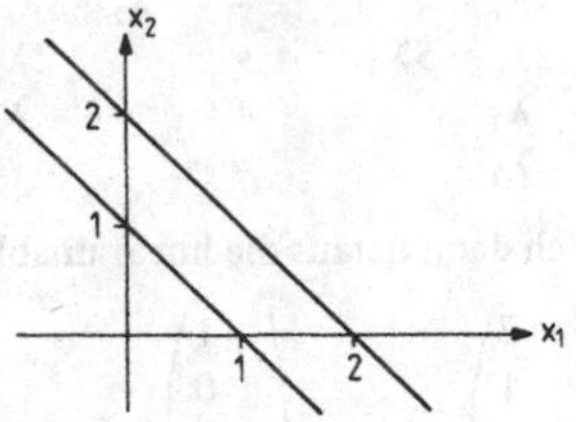

Bild 3-10

(4) Zwei Gleichungen mit drei Unbekannten (Ebenen) sind entweder parallel oder schneiden sich in einer Geraden (Bild 3-11). Im ersten Fall existiert keine Lösung, im zweiten Fall stellen alle Punkte auf der Schnittgeraden Lösungen dar.

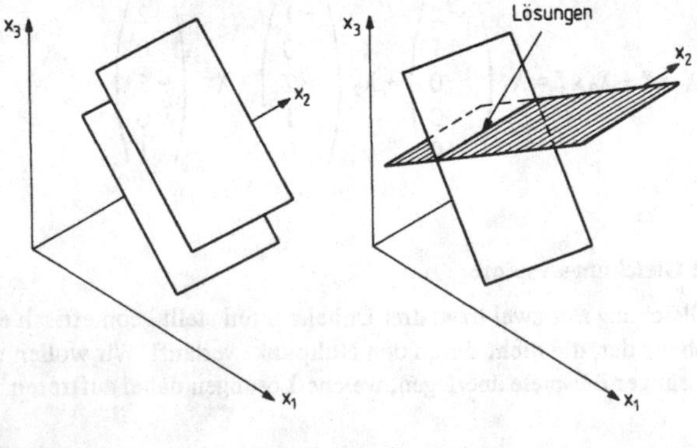

Bild 3-11

Eine einfache Bedingung, mit der man feststellen kann, ob ein inhomogenes lineares Gleichungssystem eine Lösung besitzt, enthält der folgende

(24.3) Satz

Ein inhomogenes lineares Gleichungssystem $Ax = b$ besitzt genau dann mindestens eine Lösung, wenn gilt:

$$r(A) = r(A, b).$$

Dabei stellt (A, b) die um den Vektor b erweiterte Matrix A dar.

Mit Hilfe dieser Beziehung untersuchen wir nun die Gleichungssysteme (1)–(3) des vorhergehenden Beispiels auf ihre Lösbarkeit.

Beispiele

(1) $(A, b) = \left(\begin{array}{cc|c} 1 & 1 & 1 \\ -1 & 1 & 1 \end{array}\right) \rightarrow \left(\begin{array}{cc|c} 1 & 1 & 1 \\ 0 & 2 & 2 \end{array}\right)_{I + II.}$

Es ist dann $r(A) = r(A, b) = 2$.

(2) Wegen $(A, b) = (1, 1 \mid 1)$ ist $r(A) = r(A, b) = 1$.

Im Falle der Gleichungssysteme (1) und (2) existiert also nach Satz (24.3) mindestens eine Lösung.

(3) $(A, b) = \left(\begin{array}{cc|c} 1 & 1 & 1 \\ 1 & 1 & 2 \end{array}\right) \rightarrow \left(\begin{array}{cc|c} 1 & 1 & 1 \\ 0 & 0 & 1 \end{array}\right)_{II - I}$

Hierbei ist $r(A) = 1$ und $r(A, b) = 2$; es existiert also keine Lösung.

Bei der praktischen Lösung von inhomogenen linearen Gleichungssystemen verfährt man ähnlich wie bei der Lösung von homogenen linearen Gleichungssystemen, indem man die einzelnen Gleichungen miteinander addiert. So ergibt sich z. B. aus dem Gleichungssystem

$$\begin{aligned} x_1 + x_2 &= 1 \quad (I) \\ -x_1 + x_2 &= 1 \quad (II) \end{aligned}$$

durch Addition von Gleichung (I) zu Gleichung (II) das vereinfachte Gleichungssystem

$$\begin{aligned} x_1 + x_2 &= 1 \quad (I') \\ 2x_2 &= 2 \quad (II'), \end{aligned}$$

aus dem sich sofort $x_2 = 1$ ablesen läßt. Durch Einsetzen von x_2 in Gleichung (I') erhält man dann $x_1 = 0$, also insgesamt die Lösung $x = \begin{pmatrix} 0 \\ 1 \end{pmatrix}$.

Will man nun ein beliebiges inhomogenes Gleichungssystem **Ax = b** lösen, so führt man dazu die erweiterte Matrix **(A, b)** mit Hilfe von elementaren Zeilentransformationen über in eine Matrix von Dreieckstufengestalt

$$(\tilde{\mathbf{A}}, \tilde{\mathbf{b}}) = \left(\begin{array}{cccc|c} \tilde{a}_{1k_1} \ \cdots & & & & \tilde{b}_1 \\ & \tilde{a}_{2k_2} \ \cdots & & & \tilde{b}_2 \\ & & \ddots & & \vdots \\ & & & \tilde{a}_{rk_r} \ \cdots & \tilde{b}_r \\ \hline & & & & \tilde{b}_{r+1} \\ & & & & \vdots \\ & 0 & & & \tilde{b}_m \end{array}\right)$$

mit $\tilde{\mathbf{A}}$ gemäß Definition (23.7).
Hieraus kann man dann sofort erkennen, ob überhaupt Lösungen existieren. Es ist nämlich die Bedingung $r(\mathbf{A}) = r(\mathbf{A}, \mathbf{b})$ nur dann erfüllt, falls alle $\tilde{b}_{r+1} = \ldots = \tilde{b}_m = 0$ sind.
Im Falle der Lösbarkeit erhält man nun aus dem auf diese Weise systematisch vereinfachten Gleichungssystem $\tilde{\mathbf{A}}\mathbf{x} = \tilde{\mathbf{b}}$ alle Lösungen von **Ax = b**. Über die Anzahl der Lösungen gibt der folgende Satz Auskunft:

(24.4) Satz

Gegeben sei das inhomogene Gleichungssystem **Ax = b** mit m Gleichungen und n Unbekannten. Dann existiert genau dann mindestens eine Lösung, wenn $r(\mathbf{A}) = r(\mathbf{A}, \mathbf{b})$ ist. Weiterhin gilt:

(a) Bei $r(\mathbf{A}) = n$ existiert genau eine Lösung von **Ax = b**;
(b) Bei $r(\mathbf{A}) < n$ ist das Gleichungssystem **Ax = b** nur mehrdeutig lösbar, und man bestimmt die Lösung, indem man für $d = n - r(\mathbf{A})$ Variable die Parameter $\lambda_1, \ldots, \lambda_d$ einsetzt. Dies darf jedoch nicht für die den Stufenkanten entsprechenden Variablen $x_{k_1}, \ldots, x_{k_r}$ durchgeführt werden. Eine spezielle Lösung $\hat{\mathbf{x}}$ erhält man bei $\lambda_1 = \ldots = \lambda_d = 0$.

Bemerkung: Aus dem vereinfachten Gleichungssystem $\tilde{\mathbf{A}}\mathbf{x} = \tilde{\mathbf{b}}$ berechnen wir nun wieder der Reihe nach $x_n, x_{n-1}, \ldots, x_1$. Im Falle von $r(\mathbf{A}) < n$ fassen wir die jeweils bei $\lambda_1, \ldots, \lambda_d$ stehenden Faktoren zu Vektoren $\mathbf{x}_1^*, \ldots, \mathbf{x}_d^*$ und die Konstanten zum Vektor $\hat{\mathbf{x}}$ zusammen. Die Lösung von **Ax = b** hat dann die Form:

$$\mathbf{x} = \hat{\mathbf{x}} + \lambda_1 \mathbf{x}_1^* + \ldots + \lambda_d \mathbf{x}_d^* \quad (\lambda_1, \ldots, \lambda_d \in \mathbb{R}).$$

Wie sich leicht zeigen läßt, sind $\mathbf{x}_1^*, \ldots, \mathbf{x}_d^*$ linear unabhängige Lösungsvektoren des zugehörigen homogenen Gleichungssystems **Ax = o**. Die Lösung **x** des inhomogenen Gleichungssystems **Ax = b** setzt sich also zusammen aus einer speziellen Lösung $\hat{\mathbf{x}}$ des inhomogenen Systems und der Lösung $\mathbf{x}^* = \lambda_1 \mathbf{x}_1^* + \ldots + \lambda_d \mathbf{x}_d^*$ des homogenen Systems:

$$\mathbf{x} = \hat{\mathbf{x}} + \mathbf{x}^*.$$

Beispiele

(1) Bei dem Gleichungssystem

$$\begin{aligned} x_1 \quad\quad + 2x_3 &= 0 \\ 3x_1 + x_2 + 4x_3 &= 5 \\ -2x_1 + 2x_2 - 3x_3 &= 0 \\ 5x_1 + 4x_2 + 7x_3 &= 10 \end{aligned}$$

ergibt sich sofort:

$$(A, b) = \left(\begin{array}{rrr|r} 1 & 0 & 2 & 0 \\ 3 & 1 & 4 & 5 \\ -2 & 2 & -3 & 0 \\ 5 & 4 & 7 & 10 \end{array}\right) \to \left(\begin{array}{rrr|r} 1 & 0 & 2 & 0 \\ 0 & 1 & -2 & 5 \\ 0 & 2 & 1 & 0 \\ 0 & 4 & -3 & 10 \end{array}\right) \begin{array}{l} \\ II-3I \\ III+2I \\ IV-5I \end{array} \to$$

$$\to \left(\begin{array}{rrr|r} 1 & 0 & 2 & 0 \\ 0 & 1 & -2 & 5 \\ 0 & 0 & 5 & -10 \\ 0 & 0 & 5 & -10 \end{array}\right) \begin{array}{l} \\ \\ III-2II \\ IV-4II \end{array} \to \left(\begin{array}{rrr|r} 1 & 0 & 2 & 0 \\ 0 & 1 & -2 & 5 \\ 0 & 0 & 5 & -10 \\ 0 & 0 & 0 & 0 \end{array}\right) \begin{array}{l} \\ \\ \\ IV-III \end{array} = (\tilde{A}, \tilde{b}).$$

Wegen $r(A) = r(A, b) = n = 3$ existiert nur eine (eindeutig bestimmte) Lösung. Durch rekursives Einsetzen erhält man aus dem quadratischen linearen Gleichungssystem

$$\begin{aligned} x_1 + 2x_3 &= 0 \\ x_2 - 2x_3 &= 5 \\ 5x_3 &= -10 \end{aligned} \quad \text{die Lösung } x = \begin{pmatrix} x_1 \\ x_2 \\ x_3 \end{pmatrix} = \begin{pmatrix} 4 \\ 1 \\ -2 \end{pmatrix}.$$

(2) Aus dem Gleichungssystem

$$\begin{aligned} x_1 + x_2 - 2x_3 + x_5 &= 1 \\ -x_1 - x_2 + 3x_3 + 2x_5 &= -2 \\ x_3 + 3x_5 &= -1 \end{aligned}$$

ergeben sich die erweiterte Koeffizientenmatrix **(A, b)** und durch elementare Zeilentransformationen die Matrix $(\tilde{A}, \tilde{b})$ gemäß

$$(A, b) = \left(\begin{array}{rrrrr|r} 1 & 1 & -2 & 0 & 1 & 1 \\ -1 & -1 & 3 & 0 & 2 & -2 \\ 0 & 0 & 1 & 0 & 3 & -1 \end{array}\right) \to \left(\begin{array}{rrrrr|r} 1 & 1 & -2 & 0 & 1 & 1 \\ 0 & 0 & 1 & 0 & 3 & -1 \\ 0 & 0 & 1 & 0 & 3 & -1 \end{array}\right) II+I \to$$

$$\to \left(\begin{array}{rrrrr|r} 1 & 1 & -2 & 0 & 1 & 1 \\ 0 & 0 & 1 & 0 & 3 & -1 \\ 0 & 0 & 0 & 0 & 0 & 0 \end{array}\right) \begin{array}{l} \\ \\ III-II \end{array} = (\tilde{A}, \tilde{b}).$$

Wie man leicht sieht, ist $r(A) = r(A, b) = 2 < n = 5$, so daß nach Satz (24.4) eine mehrdeutige Lösung existiert. Das vereinfachte Gleichungssystem $\tilde{A}x = \tilde{b}$ hat dann die Form

$$\left.\begin{aligned} x_1 + x_2 - 2x_3 + x_5 &= 1 \\ x_3 + 3x_5 &= -1 \end{aligned}\right\} (*)$$

Hieraus erhalten wir die Lösung, indem wir für die nicht den Stufenkanten entsprechenden Variablen (also für x_2, x_4, x_5, nicht aber für x_1, x_3) setzen: $x_2 = \lambda_1$, $x_4 = \lambda_2$, $x_5 = \lambda_3$. Es ergibt sich dann:

$$\begin{aligned}
x_1 &= 1 - \lambda_1 - 2 - 6\lambda_3 - \lambda_3 &&= -1 - \lambda_1 \quad - 7\lambda_3 \\
x_2 &= \lambda_1 &&= 0 + \lambda_1 \\
x_3 &= -1 - 3\lambda_3 &&= -1 \qquad\quad - 3\lambda_3 \\
x_4 &= \lambda_2 &&= 0 + \quad \lambda_2 \\
x_5 &= \lambda_3 &&= 0 \qquad\quad + \lambda_3,
\end{aligned}$$

und die Lösung hat die Form

$$x = \hat{x} + \lambda_1 x_1^* + \lambda_2 x_2^* + \lambda_3 x_3^* = \begin{pmatrix} -1 \\ 0 \\ -1 \\ 0 \\ 0 \end{pmatrix} + \lambda_1 \begin{pmatrix} -1 \\ 1 \\ 0 \\ 0 \\ 0 \end{pmatrix} + \lambda_2 \begin{pmatrix} 0 \\ 0 \\ 0 \\ 1 \\ 0 \end{pmatrix} + \lambda_3 \begin{pmatrix} -7 \\ 0 \\ -3 \\ 0 \\ 1 \end{pmatrix}$$

mit $\lambda_1, \lambda_2, \lambda_3 \in \mathbb{R}$.

§ 25 Determinanten

Determinanten spielen eine wichtige Rolle bei der Herleitung von theoretischen Aussagen in den Wirtschaftswissenschaften. Sie werden vor allem zur Lösung von quadratischen linearen Gleichungssystemen, aber auch bei der Untersuchung von Funktionen mehrerer Variabler benützt. Zur Lösung von numerischen Problemen sind sie jedoch wegen des damit verbundenen hohen Rechenaufwandes nicht besonders geeignet. Eine Determinante stellt einfach eine reelle Zahl dar, die einer quadratischen Matrix zugeordnet ist wie folgt:

(25.1) Definition

Gegeben sei die Matrix $\mathbf{A} = \|a_{ij}\|_{(n \times n)}$. Dann versteht man unter einer Determinante eine Abbildung

$$\det : \mathbf{A} \to \det \mathbf{A}$$

in die reellen Zahlen mit $\det(a_{11}) = a_{11}$ und

$$\det \mathbf{A} = \sum_{i=1}^{n} (-1)^{i+j} a_{ij} \det \mathbf{A}_{ij} \qquad (j \text{ fest})$$

(Entwicklung nach der j-ten Spalte)

$$\text{oder } \det \mathbf{A} = \sum_{j=1}^{n} (-1)^{i+j} a_{ij} \det \mathbf{A}_{ij} \qquad (i \text{ fest}).$$

(Entwicklung nach der i-ten Zeile)

Dabei bezeichnet

$$A_{ij} = \begin{pmatrix} a_{11} & \dots & a_{1j} & \dots & a_{1n} \\ \vdots & & | & & \\ -a_{i1} & - & a_{ij} & - & a_{in}- \\ \vdots & & | & & \\ a_{n1} & \dots & a_{nj} & \dots & a_{nn} \end{pmatrix}$$

die $((n-1) \times (n-1))$-Matrix, die man durch Streichen der i-ten Zeile und j-ten Spalte aus **A** erhält.

Bemerkung: Determinanten werden vielfach anstatt mit det **A** mit $|\mathbf{A}|$ bezeichnet. Nach Definition (25.1) ist eine Determinante eine Summe, in der abwechselnd positive und negative Vorzeichen stehen. Die Art des Vorzeichens wird durch den Term $(-1)^{i+j}$ bestimmt. Bei der Entwicklung einer Determinante nach der i-ten Zeile bzw. der j-ten Spalte ist es nun günstig, sich ein Schema für die dazu benötigten Vorzeichen aufzustellen. Es gilt:

		j			
$(-1)^{i+j}$		1	2	3	4 ...
	1	+	−	+	−
	2	−	+	−	+
i	3	+	−	+	−
	4	−	+	−	+
	⋮				

Mit Hilfe der in Definition (25.1) angegebenen Vorschrift wollen wir nun die Determinanten für einige Matrizen berechnen.

Beispiele

(1) $\mathbf{A} = \begin{pmatrix} a_{11} & a_{12} \\ a_{21} & a_{22} \end{pmatrix}$.

Bei einer Entwicklung nach der Spalte j = 1 erhalten wir

$$\det \mathbf{A} = \sum_{i=1}^{2} (-1)^{i+1} a_{i1} \det \mathbf{A}_{i1} = a_{11} \det(a_{22}) - a_{21} \det(a_{12}) = a_{11} a_{22} - a_{21} a_{12} .$$

Wie man also sieht, ergibt sich die Determinante einer (2×2)-Matrix **A** als Differenz der Produkte von Diagonalelementen. Man kann sich dies leicht durch die Schreibweise

$$\det \begin{pmatrix} a_{11} & a_{12} \\ a_{21} & a_{22} \end{pmatrix} = \begin{matrix} a_{11} & & a_{12} \\ & \times & \\ a_{21} & & a_{22} \end{matrix} = a_{11} a_{22} - a_{12} a_{21}$$

einprägen.

(2) $A = \begin{pmatrix} a_{11} & a_{12} & a_{13} \\ a_{21} & a_{22} & a_{23} \\ a_{31} & a_{32} & a_{33} \end{pmatrix}.$

Wir nehmen wieder eine Entwicklung nach der Spalte j = 1 vor. Es ergibt sich dann:

$$\det A = \sum_{i=1}^{3} (-1)^{i+1} a_{i1} \det A_{i1} =$$

$$= a_{11} \det \begin{pmatrix} a_{22} & a_{23} \\ a_{32} & a_{33} \end{pmatrix} - a_{21} \det \begin{pmatrix} a_{12} & a_{13} \\ a_{32} & a_{33} \end{pmatrix} + a_{31} \det \begin{pmatrix} a_{12} & a_{13} \\ a_{22} & a_{23} \end{pmatrix} =$$

$$= a_{11}(a_{22}a_{33} - a_{32}a_{23}) - a_{21}(a_{12}a_{33} - a_{32}a_{13}) + a_{31}(a_{12}a_{23} - a_{22}a_{13}).$$

(3) $A = \begin{pmatrix} 2 & 3 & -1 \\ 4 & 0 & 1 \\ 1 & -2 & 5 \end{pmatrix}.$

Eine Entwicklung nach der Zeile i = 2 ergibt:

$$\det A = \sum_{j=1}^{3} (-1)^{2+j} a_{2j} \det A_{2j} =$$

$$= -4 \cdot \det \begin{pmatrix} 3 & -1 \\ -2 & 5 \end{pmatrix} + 0 \cdot \det \begin{pmatrix} 2 & -1 \\ 1 & 5 \end{pmatrix} - 1 \cdot \det \begin{pmatrix} 2 & 3 \\ 1 & -2 \end{pmatrix} =$$

$$= -4 \cdot 13 + 0 - (-7) = -45.$$

(4) Nimmt man bei einer Dreiecksmatrix jeweils eine Entwicklung nach der ersten Spalte vor, so erhält man:

$$\det \begin{pmatrix} a_{11} & a_{12} & a_{13} & \cdots & a_{1n} \\ & a_{22} & a_{23} & & a_{2n} \\ & & a_{33} & & a_{3n} \\ & & & \ddots & \vdots \\ 0 & & & & a_{nn} \end{pmatrix} = a_{11} \det \begin{pmatrix} a_{22} & a_{23} & \cdots & a_{2n} \\ & a_{33} & & a_{3n} \\ & & \ddots & \vdots \\ 0 & & & a_{nn} \end{pmatrix} =$$

$$= a_{11} a_{22} \det \begin{pmatrix} a_{33} & \cdots & a_{3n} \\ & \ddots & \vdots \\ 0 & & a_{nn} \end{pmatrix} = \ldots = a_{11} \cdot a_{22} \cdot \ldots \cdot a_{nn}.$$

Die Determinante einer Dreiecksmatrix ergibt sich also als Produkt der in der Hauptdiagonalen stehenden Elemente.

Für die Berechnung der Determinanten von dreireihigen Matrizen gibt es außer der Entwicklung nach einer Zeile bzw. Spalte noch folgende einprägsame Regel von Sarrus: Die Matrix A wird um die beiden ersten Spalten erweitert. Die Determinante von A ergibt sich dann als Summe der Produkte der in den Hauptdiagonalen stehenden

Elemente abzüglich der Summe der Produkte der in den Gegendiagonalen stehenden Elemente. Es gilt also:

$$\det\begin{pmatrix} a_{11} & a_{12} & a_{13} \\ a_{21} & a_{22} & a_{23} \\ a_{31} & a_{32} & a_{33} \end{pmatrix} = \begin{array}{ccc|cc} a_{11} & a_{12} & a_{13} & a_{11} & a_{12} \\ a_{21} & a_{22} & a_{23} & a_{21} & a_{22} \\ a_{31} & a_{32} & a_{33} & a_{31} & a_{32} \end{array} =$$

$$= a_{11}a_{22}a_{33} + a_{12}a_{23}a_{31} + a_{13}a_{21}a_{32} - a_{12}a_{21}a_{33} - a_{11}a_{23}a_{32} - a_{13}a_{22}a_{31}.$$

Beispiel

$$\det\begin{pmatrix} 1 & 0 & 2 \\ -1 & -3 & 1 \\ 2 & 1 & 0 \end{pmatrix} = \begin{array}{ccc|cc} 1 & 0 & 2 & 1 & 0 \\ -1 & -3 & 1 & -1 & -3 \\ 2 & 1 & 0 & 2 & 1 \end{array} =$$

$$= 0 + 0 + (-2) - 0 - 1 - (-12) = -2 - 1 + 12 = 9.$$

Wir geben nun noch einige grundlegende Eigenschaften von Determinanten an, mit deren Hilfe sich die Berechnung von Determinanten vereinfachen läßt.

(25.2) Eigenschaften von Determinanten

Für eine $(n \times n)$-Matrix $\mathbf{A}$ mit den Spaltenvektoren $\mathbf{a}_1, \ldots, \mathbf{a}_n$ gelten folgende Regeln:

(1) $\det \mathbf{A} = \det \mathbf{A}'$.

Beispiel:

$$\det\begin{pmatrix} 1 & 2 \\ 0 & 3 \end{pmatrix} = \det\begin{pmatrix} 1 & 0 \\ 2 & 3 \end{pmatrix} = 3.$$

(2) Durch Vertauschen zweier Zeilen (Spalten) von $\mathbf{A}$ ändert sich das Vorzeichen der Determinante.

Beispiel:

Bei Vertauschung der beiden Spalten ergibt sich

$$\det\begin{pmatrix} 1 & 2 \\ 0 & 3 \end{pmatrix} = 3, \quad \det\begin{pmatrix} 2 & 1 \\ 3 & 0 \end{pmatrix} = -3.$$

(3) Die Zeilen-(Spalten-)vektoren der Matrix $\mathbf{A}$ sind genau dann linear abhängig, wenn gilt:

$\det \mathbf{A} = 0$.

Beispiel:

Die Vektoren $\begin{pmatrix} 2 \\ 1 \end{pmatrix}$, $\begin{pmatrix} 4 \\ 2 \end{pmatrix}$ sind linear abhängig. Es gilt deshalb:

$$\det\begin{pmatrix} 2 & 4 \\ 1 & 2 \end{pmatrix} = 4 - 4 = 0.$$

(4) Gegeben sei die reelle Zahl $\lambda \neq 0$. Dann gilt:

$\lambda \det(\mathbf{a}_1, \ldots, \mathbf{a}_i, \ldots, \mathbf{a}_n) = \det(\mathbf{a}_1, \ldots, \lambda\,\mathbf{a}_i, \ldots, \mathbf{a}_n)$ und
$\lambda^n \det(\mathbf{a}_1, \ldots, \mathbf{a}_n) = \det(\lambda\,\mathbf{a}_1, \ldots, \lambda\,\mathbf{a}_n)$.

Für Zeilenvektoren gilt eine entsprechende Aussage.

Beispiel:

$$3 \cdot \det\begin{pmatrix}1 & 2\\ 0 & 3\end{pmatrix} = \det\begin{pmatrix}3 & 2\\ 0 & 3\end{pmatrix} = \det\begin{pmatrix}1 & 6\\ 0 & 9\end{pmatrix} = 9;$$

$$3^2 \cdot \det\begin{pmatrix}1 & 2\\ 0 & 3\end{pmatrix} = \det\begin{pmatrix}3 & 6\\ 0 & 9\end{pmatrix} = 27.$$

(5) Die Determinante von $\mathbf{A}$ ändert sich nicht, wenn man zur j-ten Zeile (Spalte) das λ-fache der i-ten Zeile (Spalte) addiert. Für Spaltenvektoren erhalten wir also die Formel:

$$\det(\mathbf{a}_1, \ldots, \mathbf{a}_i, \ldots, \mathbf{a}_j, \ldots, \mathbf{a}_n) = \det(\mathbf{a}_1, \ldots, \mathbf{a}_i, \ldots, \mathbf{a}_j + \lambda\,\mathbf{a}_i, \ldots, \mathbf{a}_n).$$

Beispiel:

$$\det\begin{pmatrix}1 & 2\\ 0 & 3\end{pmatrix} = \det\begin{pmatrix}1 + 2\cdot 2 & 2\\ 0 + 2\cdot 3 & 3\end{pmatrix} = \det\begin{pmatrix}5 & 2\\ 6 & 3\end{pmatrix} = 15 - 12 = 3.$$

(6) Für zwei $(n \times n)$-Matrizen $\mathbf{A}, \mathbf{B}$ gilt der Multiplikationssatz:

$\det \mathbf{A} \cdot \det \mathbf{B} = \det(\mathbf{A} \cdot \mathbf{B})$.

Dagegen gilt im allgemeinen *nicht*:

$\det \mathbf{A} + \det \mathbf{B} = \det(\mathbf{A} + \mathbf{B})$.

Beispiel:

(1) $$\det\begin{pmatrix}1 & 2\\ 0 & 3\end{pmatrix} \cdot \det\begin{pmatrix}0 & 2\\ 1 & 4\end{pmatrix} = 3 \cdot (-2) = -6$$

$$\det\left[\begin{pmatrix}1 & 2\\ 0 & 3\end{pmatrix} \cdot \begin{pmatrix}0 & 2\\ 1 & 4\end{pmatrix}\right] = \det\begin{pmatrix}2 & 10\\ 3 & 12\end{pmatrix} = -6.$$

(2) $$\det\begin{pmatrix}1 & 2\\ 0 & 3\end{pmatrix} + \det\begin{pmatrix}0 & 2\\ 1 & 4\end{pmatrix} = 3 - 2 = 1$$

$$\det\left[\begin{pmatrix}1 & 2\\ 0 & 3\end{pmatrix} + \begin{pmatrix}0 & 2\\ 1 & 4\end{pmatrix}\right] = \det\begin{pmatrix}1 & 4\\ 1 & 7\end{pmatrix} = 3.$$

Wir betrachten nun noch ein Verfahren zur Lösung von linearen Gleichungssystemen mit Hilfe von Determinanten, die sogenannte Cramersche Regel. Diese Methode wird häufig vor allem bei theoretischen Untersuchungen benützt.

Gegeben sei das Gleichungssystem $\mathbf{Ax} = \mathbf{b}$ mit der $(n \times n)$-Matrix $\mathbf{A} = (\mathbf{a}_1, \ldots, \mathbf{a}_n)$, wobei die $\mathbf{a}_1, \ldots, \mathbf{a}_n$ Spaltenvektoren seien. Ein solches Gleichungssystem läßt sich auch darstellen in der Form

$$\mathbf{Ax} = (\mathbf{a}_1, \ldots, \mathbf{a}_n)\begin{pmatrix} x_1 \\ \vdots \\ x_n \end{pmatrix} = \sum_{i=1}^{n} \mathbf{a}_i x_i = \mathbf{b}. \qquad (*)$$

Für die j-te Komponente x_j des Lösungsvektors ergibt sich dann wegen Regel (4) von (25.2):

$$x_j \cdot \det \mathbf{A} = x_j \cdot \det(\mathbf{a}_1, \ldots, \mathbf{a}_j, \ldots, \mathbf{a}_n) = \det(\mathbf{a}_1, \ldots, \mathbf{a}_j x_j, \ldots, \mathbf{a}_n).$$

Addiert man nun zu $\mathbf{a}_j x_j$ die Vektoren $\mathbf{a}_1 x_1, \ldots, \mathbf{a}_{j-1} x_{j-1}, \mathbf{a}_{j+1} x_{j+1}, \ldots, \mathbf{a}_n x_n$, so bleibt gemäß Regel (5) von (25.2) der Wert der letzten Determinante unverändert.

An der j-ten Stelle steht jetzt der Vektor $\sum_{i=1}^{n} \mathbf{a}_i x_i = \mathbf{Ax} = \mathbf{b}$. Wir erhalten also

$$x_j \cdot \det \mathbf{A} = \det\left(\mathbf{a}_1, \ldots, \sum_{i=1}^{n} \mathbf{a}_i x_i, \ldots, \mathbf{a}_n\right) = \det(\mathbf{a}_1, \ldots, \mathbf{b}, \ldots, \mathbf{a}_n) \text{ und daraus}$$

$$x_j = \frac{\det(\mathbf{a}_1, \ldots, \mathbf{b}, \ldots, \mathbf{a}_n)}{\det \mathbf{A}}.$$

Dabei muß natürlich vorausgesetzt werden, daß $\det \mathbf{A} \neq 0$ ist, was ja gleichbedeutend ist mit $r(\mathbf{A}) = n$.
Wir können also zusammenfassen:

(25.3) Cramersche Regel

Gegeben sei das lineare Gleichungssystem $\mathbf{Ax} = \mathbf{b}$ mit n Gleichungen und n Unbekannten sowie $\det \mathbf{A} \neq 0$.
Ersetzt man in der Matrix $\mathbf{A}$ den Vektor $\mathbf{a}_j$ durch $\mathbf{b}$, dann erhält man die j-te Komponente des eindeutig bestimmten Lösungsvektors $\mathbf{x}$ aus der Formel:

$$x_j = \frac{\det(\mathbf{a}_1, \ldots, \mathbf{b}, \ldots, \mathbf{a}_n)}{\det \mathbf{A}}.$$

Beispiele

(1) Bei dem linearen Gleichungssystem

$$\begin{aligned} 2x_1 - x_2 &= -1 \\ x_1 + 3x_2 &= 4 \end{aligned} \quad \text{ist } \mathbf{A} = \begin{pmatrix} 2 & -1 \\ 1 & 3 \end{pmatrix} \text{ und } \mathbf{b} = \begin{pmatrix} -1 \\ 4 \end{pmatrix}.$$

Wegen $\det \mathbf{A} = \det\begin{pmatrix} 2 & -1 \\ 1 & 3 \end{pmatrix} = 7$ gilt dann nach der Cramerschen Regel:

$$x_1 = \frac{\det(b, a_2)}{\det A} = \frac{\det\begin{pmatrix} -1 & -1 \\ 4 & 3 \end{pmatrix}}{\det A} = \frac{1}{7} \quad \text{und}$$

$$x_2 = \frac{\det(a_1, b)}{\det A} = \frac{\det\begin{pmatrix} 2 & -1 \\ 1 & 4 \end{pmatrix}}{\det A} = \frac{9}{7},$$

so daß sich die eindeutige Lösung $x = \frac{1}{7}\begin{pmatrix} 1 \\ 9 \end{pmatrix}$ ergibt.

(2) $\begin{aligned} 2x_1 + x_2 &= 2 \\ -2x_1 - x_2 &= -1. \end{aligned}$

Hierbei ist $\det A = \det\begin{pmatrix} 2 & 1 \\ -2 & -1 \end{pmatrix} = 0$, so daß also keine eindeutige Lösung existiert.

(3) Das einfache Keynessche Modell für das Volkseinkommen wird durch die folgenden Gleichungen beschrieben:

$$\left.\begin{aligned} Y &= C + I_0 + G_0 \\ C &= a_1 + a_2 Y \end{aligned}\right\} \qquad (*)$$

Dabei bezeichnet Y das Volkseinkommen, C den Konsum, I_0 die autonomen Investitionen, G_0 die autonomen Staatsausgaben und a_1, a_2 sind Konstante. Wir wollen nun den Gleichgewichtspunkt $(\overline{Y}, \overline{C})$ bestimmen (Bild 3-12). Dazu schreiben wir das Gleichungssystem (*) in der Form:

$$\begin{aligned} Y - C &= I_0 + G_0 \\ -a_2 Y + C &= a_1 \end{aligned}$$

mit $A = \begin{pmatrix} 1 & -1 \\ -a_2 & 1 \end{pmatrix}$ und

$b = \begin{pmatrix} I_0 + G_0 \\ a_1 \end{pmatrix}$.

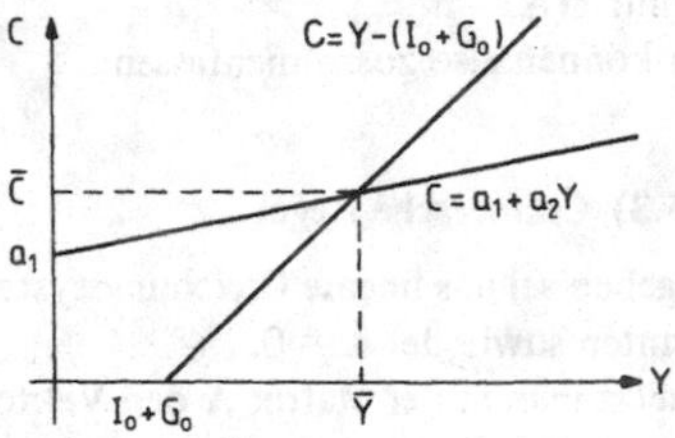

Bild 3-12

Durch Anwendung der Cramerschen Regel erhalten wir für den Fall $a_2 \neq 1$

$$\overline{Y} = \frac{\det\begin{pmatrix} I_0 + G_0 & -1 \\ a_1 & 1 \end{pmatrix}}{\det A} = \frac{I_0 + G_0 + a_1}{1 - a_2},$$

$$\overline{C} = \frac{\det\begin{pmatrix} 1 & I_0 + G_0 \\ -a_2 & a_1 \end{pmatrix}}{\det A} = \frac{a_1 + a_2(I_0 + G_0)}{1 - a_2}.$$

§ 26 Die inverse Matrix

Wie aus der Analysis bekannt ist, existiert zu jeder von Null verschiedenen Zahl $a \in \mathbb{R}$ eine inverse Zahl $a^{-1} = \frac{1}{a} \in \mathbb{R}$ mit

$$a \cdot a^{-1} = a^{-1} \cdot a = 1.$$

Wir wollen nun zeigen, daß es auch Matrizen gibt, die eine ähnliche Eigenschaft besitzen.

(26.1) Definition

Gegeben sei eine $(n \times n)$-Matrix **A**. Dann sagen wir:

(a) Die Matrix $\mathbf{A}^{-1}$ heißt die zu **A** inverse Matrix, wenn gilt:

$$\mathbf{A} \cdot \mathbf{A}^{-1} = \mathbf{A}^{-1} \cdot \mathbf{A} = \mathbf{E}.$$

(b) Die Matrix **A** heißt nichtsingulär (invertierbar), wenn eine zu **A** inverse Matrix $\mathbf{A}^{-1}$ existiert.

Im Gegensatz zu den reellen Zahlen existiert jedoch keinesfalls zu jeder quadratischen Matrix $\mathbf{A} \neq \mathbf{0}$ eine Inverse. Es gilt nämlich der folgende

(26.2) Satz

Sei **A** eine $(n \times n)$-Matrix. Dann existiert genau dann eine eindeutig bestimmte Inverse $\mathbf{A}^{-1}$, wenn eine der beiden Bedingungen

$$r(\mathbf{A}) = n \quad \text{oder} \quad \det \mathbf{A} \neq 0$$

erfüllt ist.

Mit Hilfe von inversen Matrizen kann man auch die Lösung von quadratischen linearen Gleichungssystemen bestimmen. Diese Vorgehensweise empfiehlt sich besonders für den Fall, daß bei einem Problem mehrere Gleichungssysteme $\mathbf{Ax} = \mathbf{b}$ zu lösen sind, wobei jedoch die Matrix **A** fest vorgegeben ist und nur der Vektor **b** variiert. Existiert nun die inverse Matrix $\mathbf{A}^{-1}$, so erhält man durch Multiplikation von links

$$\mathbf{A}^{-1} \cdot \mathbf{A} \cdot \mathbf{x} = \mathbf{A}^{-1} \cdot \mathbf{b}.$$

Wegen der Definition von $\mathbf{A}^{-1}$ ergibt sich dann

$$\mathbf{E} \cdot \mathbf{x} = \mathbf{A}^{-1} \cdot \mathbf{b} \quad \text{bzw.} \quad \mathbf{x} = \mathbf{A}^{-1} \cdot \mathbf{b}. \tag{*}$$

Eine Lösung dieses Gleichungssystems erhält man natürlich auch sofort, wenn man die erweiterte Matrix $(\mathbf{A}, \mathbf{b})$ mit Hilfe von elementaren Zeilentransformationen in eine Matrix $(\mathbf{E}, \tilde{\mathbf{b}})$ überführt. Das vereinfachte Gleichungssystem hat dann nämlich die Form

$$\mathbf{Ex} = \tilde{\mathbf{b}} \quad \text{bzw.} \quad \mathbf{x} = \tilde{\mathbf{b}}. \tag{**}$$

Aus (*) und (**) ist dann ersichtlich, daß der durch elementare Zeilentransformationen entstandene Vektor $\tilde{\mathbf{b}}$ mit $\mathbf{A}^{-1} \cdot \mathbf{b}$ übereinstimmt; es gilt also:

$$\tilde{\mathbf{b}} = \mathbf{A}^{-1} \cdot \mathbf{b}.$$

Dieses Ergebnis kann man dazu benützen, um ein praktisches Verfahren zur Bestimmung der Inversen einer Matrix **A** zu erhalten. Dazu betrachten wir die Gleichungssysteme

$$\mathbf{Ax} = \mathbf{e}_1, \ldots, \mathbf{Ax} = \mathbf{e}_n,$$

zu deren Lösung wir die folgenden elementaren Zeilentransformationen durchführen:

$$(\mathbf{A}, \mathbf{e}_1) \to (\mathbf{E}, \tilde{\mathbf{e}}_1) = (\mathbf{E}, \mathbf{A}^{-1}\mathbf{e}_1)$$
$$\vdots$$
$$(\mathbf{A}, \mathbf{e}_n) \to (\mathbf{E}, \tilde{\mathbf{e}}_n) = (\mathbf{E}, \mathbf{A}^{-1}\mathbf{e}_n).$$

Hierbei stellt $\mathbf{A}^{-1}\mathbf{e}_i$ für $i = 1, \ldots, n$ jeweils die i-te Spalte von $\mathbf{A}^{-1}$ dar. Da überall dieselbe Matrix **A** vorkommt, können wir diese Transformationen in einem einzigen Arbeitsgang ausführen gemäß

$$(\mathbf{A} \mid \mathbf{e}_1, \ldots, \mathbf{e}_n) = (\mathbf{A} \mid \mathbf{E})$$
$$\downarrow$$
$$(\mathbf{E} \mid \mathbf{A}^{-1}\mathbf{e}_1, \ldots, \mathbf{A}^{-1}\mathbf{e}_n) = (\mathbf{E} \mid \mathbf{A}^{-1}).$$

Man erhält also die inverse Matrix $\mathbf{A}^{-1}$, indem man $(\mathbf{A} \mid \mathbf{E})$ mit Hilfe von elementaren Zeilentransformationen in die Matrix $(\mathbf{E} \mid \mathbf{A}^{-1})$ überführt.

Beispiel

$$\mathbf{A} = \begin{pmatrix} 1 & 3 & 3 \\ 1 & 4 & 3 \\ 1 & 3 & 4 \end{pmatrix}.$$

Wir bringen nun die Matrix $(\mathbf{A} \mid \mathbf{E})$ in die Form $(\mathbf{E} \mid \mathbf{A}^{-1})$.

$$(\mathbf{A} \mid \mathbf{E}) = \left(\begin{array}{ccc|ccc} 1 & 3 & 3 & 1 & 0 & 0 \\ 1 & 4 & 3 & 0 & 1 & 0 \\ 1 & 3 & 4 & 0 & 0 & 1 \end{array}\right) \to \left(\begin{array}{ccc|ccc} 1 & 3 & 3 & 1 & 0 & 0 \\ 0 & 1 & 0 & -1 & 1 & 0 \\ 0 & 0 & 1 & -1 & 0 & 1 \end{array}\right) \begin{array}{l} \\ \mathrm{II} - \mathrm{I} \to \\ \mathrm{III} - \mathrm{I} \end{array}$$

$$\to \left(\begin{array}{ccc|ccc} 1 & 0 & 3 & 4 & -3 & 0 \\ 0 & 1 & 0 & -1 & 1 & 0 \\ 0 & 0 & 1 & -1 & 0 & 1 \end{array}\right) \begin{array}{l} \mathrm{I} - 3\mathrm{II} \\ \to \\ \\ \end{array}$$

$$\to \left(\begin{array}{ccc|ccc} 1 & 0 & 0 & 7 & -3 & -3 \\ 0 & 1 & 0 & -1 & 1 & 0 \\ 0 & 0 & 1 & -1 & 0 & 1 \end{array}\right) \begin{array}{l} \mathrm{I} - 3\mathrm{III} \\ \\ \\ \end{array} = (\mathbf{E} \mid \mathbf{A}^{-1}).$$

Es ist also $A^{-1} = \begin{pmatrix} 7 & -3 & -3 \\ -1 & 1 & 0 \\ -1 & 0 & 1 \end{pmatrix}$.

Bei einem gegebenen Vektor $b = \begin{pmatrix} 1 \\ 2 \\ 1 \end{pmatrix}$ kann man dann das Gleichungssystem $Ax = b$ lösen gemäß

$$x = A^{-1} b = \begin{pmatrix} 7 & -3 & -3 \\ -1 & 1 & 0 \\ -1 & 0 & 1 \end{pmatrix} \begin{pmatrix} 1 \\ 2 \\ 1 \end{pmatrix} = \begin{pmatrix} -2 \\ 1 \\ 0 \end{pmatrix}$$

Die Berechnung von inversen Matrizen kann man auch mit Hilfe von Determinanten durchführen. Dazu der folgende

(26.3) Satz

Gegeben sei eine $(n \times n)$-Matrix A mit $\det A \neq 0$. Dann gilt:

$$A^{-1} = \frac{1}{\det A} \cdot B'.$$

Dabei ist die Matrix $B = \| b_{ij} \|_{(n \times n)}$ definiert durch

$$b_{ij} = (-1)^{i+j} \cdot \det A_{ij},$$

wobei A_{ij} wieder die durch Streichen der i-ten Teile und j-ten Spalte von A entstandene Matrix bezeichnet. Die Matrix B' bezeichnet man auch als die Adjungierte von A und schreibt $B' = \operatorname{adj}(A)$.

Beispiel

Aus der Matrix $A = \begin{pmatrix} 3 & 2 \\ 4 & 5 \end{pmatrix}$ bilden wir nach Satz (26.3) die Matrix $B = \begin{pmatrix} 5 & -4 \\ -2 & 3 \end{pmatrix}$.

Wegen $\det A = 7$ ergibt sich dann:

$$A^{-1} = \frac{1}{\det A} \cdot B' = \frac{1}{7} \begin{pmatrix} 5 & -2 \\ -4 & 3 \end{pmatrix}.$$

Wir fassen nun noch einige wichtige Eigenschaften von inversen Matrizen zusammen:

(26.4) Satz

Gegeben seien die nichtsingulären $(n \times n)$-Matrizen A und B. Dann gilt:

(a) $(A \cdot B)^{-1} = B^{-1} \cdot A^{-1}$;

(b) $(A^{-1})^{-1} = A$;

(c) $(A')^{-1} = (A^{-1})'$;

(d) $\det(A^{-1}) = \dfrac{1}{\det A}$.

Ein wichtiges Anwendungsbeispiel für inverse Matrizen stellt die sogenannte Input-Output-Analyse dar, mit deren Hilfe die Verflechtungsstruktur einer Volkswirtschaft untersucht werden kann. Wir behandeln hier nur den einfachsten Fall und gehen aus von einer Volkswirtschaft, die in n Industriezweige aufgeteilt ist. Jeder Industriezweig (Chemie-, Stahl-, Textilindustrie usw.) verbraucht Güter aus eigener Produktion oder von anderen Industriezweigen und liefert Güter an andere Industriezweige oder Endverbraucher (private Haushalte, Staat usw.). Wir bezeichnen mit

q_{ij} die Lieferung (Output) des i-ten Industriezweigs an den j-ten Industriezweig bzw. den Input des j-ten Industriezweigs von Industriezweig i;

y_i die Lieferung des i-ten Industriezweigs an die Endverbraucher;

q_i den Gesamtoutput des i-ten Industriezweigs.

Sämtliche Zahlenangaben sollen dabei der Einfachheit halber in Geldeinheiten erfolgen. Wir erhalten dann folgende Input-Output-Tabelle:

Lieferung an / von		Industriezweig 1 2 ... n	Endnachfrage	Gesamtoutput
	1	$q_{11} q_{12} \cdots q_{1n}$	y_1	q_1
Industrie-	2	$q_{21} q_{22} \cdots q_{2n}$	y_2	q_2
zweig	.	.	.	.
	.	.	.	.
	.	.	.	.
	n	$q_{n1} q_{n2} \cdots q_{nn}$	y_n	q_n

Hieraus kann man natürlich sofort erkennen, daß für alle i = 1, ..., n die Gleichungen

$$y_i = q_i - \sum_{j=1}^{n} q_{ij} \qquad (*)$$

erfüllt sind. Üblicherweise wird vorausgesetzt, daß jeder Input q_{ij} in einem konstanten proportionalen Verhältnis

$$q_{ij} = m_{ij} \cdot q_j$$

zum Gesamtoutput q_j des j-ten Industriezweigs steht. Mit Hilfe der konstanten Faktoren $m_{ij} = \frac{q_{ij}}{q_j}$, die man auch als technische Koeffizienten bezeichnet, lassen sich dann die Gleichungen (*) schreiben in der Form

$$y_i = q_i - \sum_{j=1}^{n} m_{ij} \cdot q_j.$$

Wir fassen nun noch alle technischen Koeffizienten zusammen zur sogenannten Strukturmatrix $\mathbf{M} = \|m_{ij}\|_{(n \times n)}$ und bilden den Produktionsvektor $\mathbf{q} = (q_1, \ldots, q_n)'$ sowie den Verbrauchsvektor $\mathbf{y} = (y_1, \ldots, y_n)'$. Es ergibt sich dann die Matrizengleichung

$$\mathbf{y} = \mathbf{q} - \mathbf{M}\mathbf{q} = \mathbf{E}\mathbf{q} - \mathbf{M}\mathbf{q}, \quad \text{d. h. also}$$

$$\mathbf{y} = (\mathbf{E} - \mathbf{M})\,\mathbf{q}.$$

Existiert die inverse Matrix $(\mathbf{E}-\mathbf{M})^{-1}$, so ergibt sich durch Multiplikation von links die Gleichung

$$(\mathbf{E}-\mathbf{M})^{-1}\,\mathbf{y}=\mathbf{q}.$$

Wir sind damit in der Lage, folgende Fragen zu beantworten:

(a) Welche Nachfrage y ist bei einer geplanten Produktion q zu erwarten?

(b) Wieviel muß produziert werden, um eine gegebene Nachfrage zu befriedigen?

Beispiel

Wir gehen aus von folgender Input-Output-Tabelle für drei Industriezweige

Lieferung an / von		Industriezweig 1	2	3	Endnachfrage	Gesamtoutput
Industriezweig	1	10	24	27	39	100
	2	30	48	18	24	120
	3	20	36	9	25	90

Aus den technischen Koeffizienten $m_{ij}=\dfrac{q_{ij}}{q_j}$ bilden wir nun die Strukturmatrix

$$\mathbf{M}=\begin{pmatrix}\frac{10}{100} & \frac{24}{120} & \frac{27}{90}\\ \frac{30}{100} & \frac{48}{120} & \frac{18}{90}\\ \frac{20}{100} & \frac{36}{120} & \frac{9}{90}\end{pmatrix}=\begin{pmatrix}0{,}1 & 0{,}2 & 0{,}3\\ 0{,}3 & 0{,}4 & 0{,}2\\ 0{,}2 & 0{,}3 & 0{,}1\end{pmatrix}.$$

Daraus ergeben sich dann die Matrizen

$$(\mathbf{E}-\mathbf{M})=\begin{pmatrix}0{,}9 & -0{,}2 & -0{,}3\\ -0{,}3 & 0{,}6 & -0{,}2\\ -0{,}2 & -0{,}3 & 0{,}9\end{pmatrix}\text{ und }(\mathbf{E}-\mathbf{M})^{-1}=\begin{pmatrix}1{,}56 & 0{,}88 & 0{,}72\\ 1{,}01 & 2{,}44 & 0{,}88\\ 0{,}68 & 1{,}01 & 1{,}56\end{pmatrix}.$$

Bei einer Produktion von $\mathbf{q}=\begin{pmatrix}150\\130\\140\end{pmatrix}$ kann man dann eine Nachfrage von

$$\mathbf{y}=(\mathbf{E}-\mathbf{M})\,\mathbf{q}=\begin{pmatrix}67\\5\\57\end{pmatrix}$$

erwarten und eine gegebene Nachfrage von $\mathbf{y}=\begin{pmatrix}45\\30\\20\end{pmatrix}$ läßt sich durch die Produktion von

$$\mathbf{q}=(\mathbf{E}-\mathbf{M})^{-1}\,\mathbf{y}=\begin{pmatrix}111{,}00\\136{,}25\\92{,}10\end{pmatrix}$$

befriedigen.

§ 27 Punktmengen im $\mathbb{R}^n$ und lineare Programmierung

Punktmengen im $\mathbb{R}^n$ stellen ein wichtiges Hilfsmittel bei der formalen Beschreibung ökonomischer Probleme dar. In einer solchen Menge kann man alle n-tupel reeller Zahlen zusammenfassen, die bestimmte, in einer konkreten Situation sinnvolle Bedingungen technischer bzw. wirtschaftlicher Art erfüllen.

Beispiel

Bei der Herstellung eines Gutes werden die Maschinen M_1 und M_2 eingesetzt. Dabei werde angenommen, daß die auf den beiden Maschinen geleistete Arbeit wegen Ermüdung des Bedienungspersonals nicht proportional mit der Zeit wächst. Die Arbeitsleistung beim Betrieb von t_1 Stunden auf Maschine M_1 und t_2 Stunden auf Maschine M_2 sei hier in Einheiten von 1000 DM gegeben durch die Funktionen $f_1(t_1) = \sqrt{t_1}$ und $f_2(t_2) = \sqrt{t_2}$. Die Menge

$$M = \{(t_1, t_2) \in \mathbb{R}^2 \mid f_1(t_1) + f_2(t_2) \geqslant 4 \wedge 0 \leqslant t_1, t_2 \leqslant 8\}$$

beschreibt dann alle möglichen Kombinationen der Zeiten t_1 und t_2, bei denen mindestens eine Arbeitsleistung von 4000 DM pro Tag erzielt wird (Bild 3-13).

Punktmengen im $\mathbb{R}^n$ werden vielfach definiert mit Hilfe von Gleichungen bzw. Ungleichungen. Wir wollen dazu einige Teilmengen im $\mathbb{R}^2$ betrachten.

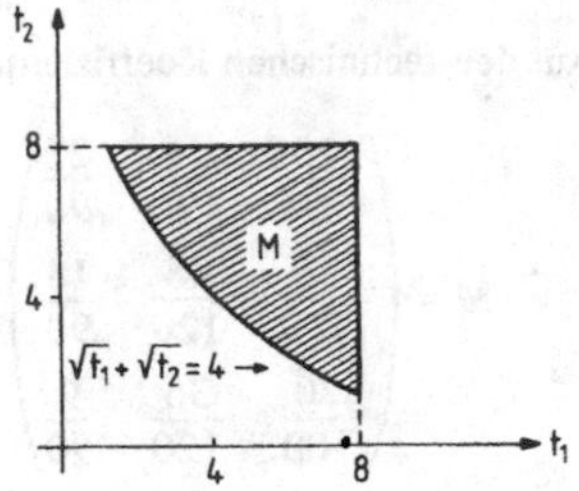

Bild 3-13

Beispiele

(1) $M_1 = \{(x_1, x_2) \in \mathbb{R}^2 \mid x_1^2 + x_2^2 \leqslant 1\}$,
$M_2 = \{(x_1, x_2) \in \mathbb{R}^2 \mid x_1^2 + x_2^2 = 1\}$,
$M_3 = \{(x_1, x_2) \in \mathbb{R}^2 \mid x_1^2 + x_2^2 \geqslant 1\}$.

Da die Gleichung $x_1^2 + x_2^2 = 1$ einen Kreis um den Nullpunkt mit Radius 1 beschreibt, haben diese Mengen folgende Gestalt (Bild 3-14):

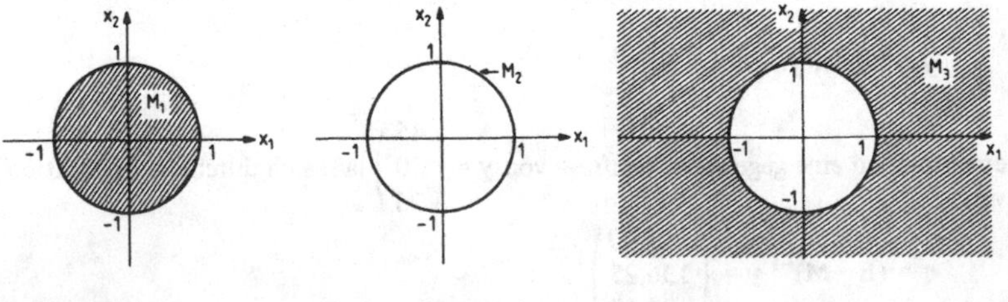

Bild 3-14

(2) $M = \{(x_1, x_2) \in \mathbb{R}^2 \mid |x_1| + |x_2| \leq 1\}$.
Um diese Menge graphisch darstellen zu können, nehmen wir die folgenden Fallunterscheidungen vor:

1. Fall: $x_1, x_2 \geq 0$.
Es ist dann $x_1 + x_2 \leq 1$ bzw. $x_2 \leq 1 - x_1$.

2. Fall: $x_1 \geq 0, x_2 < 0$.
Es ist dann $x_1 - x_2 \leq 1$ bzw. $x_2 \geq x_1 - 1$.

3. Fall: $x_1 < 0, x_2 \geq 0$.
Es ist dann $-x_1 + x_2 \leq 1$ bzw. $x_2 \leq 1 + x_1$.

4. Fall: $x_1 < 0, x_2 < 0$.
Es ist dann $-x_1 - x_2 \leq 1$ bzw. $x_2 \geq -x_1 - 1$ (Bild 3-15).

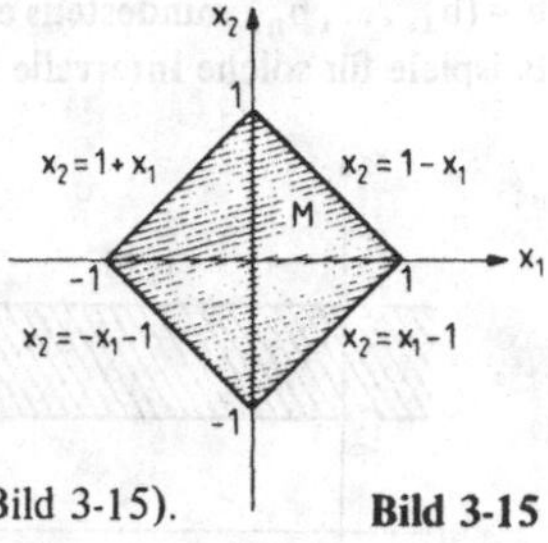

Bild 3-15

Man kann nun auch den Intervallbegriff verallgemeinern gemäß

(27.1) Definition

Gegeben seien die Vektoren $\mathbf{a} = (a_1, \ldots, a_n)$ und $\mathbf{b} = (b_1, \ldots, b_n) \in \mathbb{R}^n$ mit $\mathbf{a} \leq \mathbf{b}$. Dann heißt die Menge

(a) $[\mathbf{a}, \mathbf{b}] = \{x \in \mathbb{R}^n \mid a_1 \leq x_1 \leq b_1, \ldots, a_n \leq x_n \leq b_n\}$ ein n-dimensionales *abgeschlossenes* Intervall;

(b) $(\mathbf{a}, \mathbf{b}) = \{x \in \mathbb{R}^n \mid a_1 < x_1 < b_1, \ldots, a_n < x_n < b_n\}$ ein n-dimensionales *offenes* Intervall.

Die Gestalt solcher Intervalle im $\mathbb{R}^2$ ist beispielsweise in Bild 3-16 dargestellt.

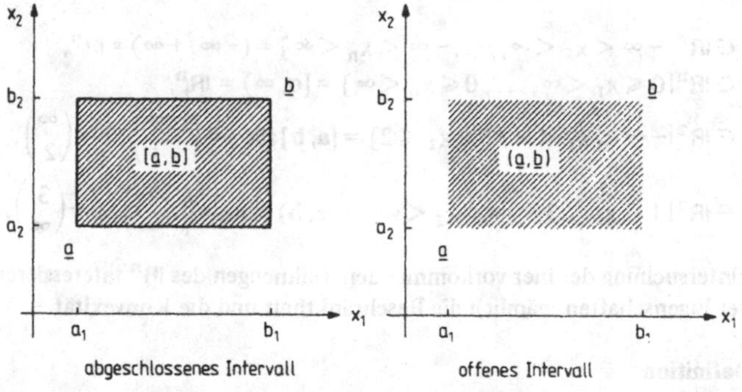

Bild 3-16

Bemerkung: Neben diesen endlichen Intervallen im $\mathbb{R}^n$ benötigt man häufig auch unendliche n-dimensionale Intervalle. Man versteht darunter ein Intervall der Form $[\mathbf{a}, \mathbf{b}]$, $(\mathbf{a}, \mathbf{b}]$, $[\mathbf{a}, \mathbf{b})$ oder $(\mathbf{a}, \mathbf{b})$, wobei bei den Vektoren $\mathbf{a} = (a_1, \ldots, a_n)$ und $\mathbf{b} = (b_1, \ldots, b_n)$ mindestens eine Komponente gleich $\pm\infty$ lautet.
Beispiele für solche Intervalle sind (Bild 3-17)

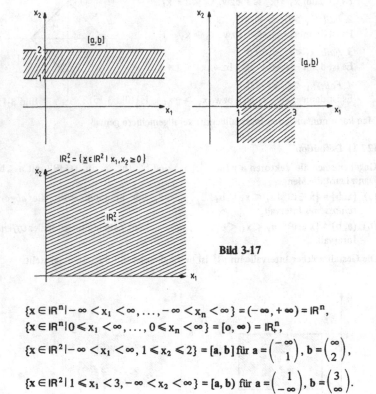

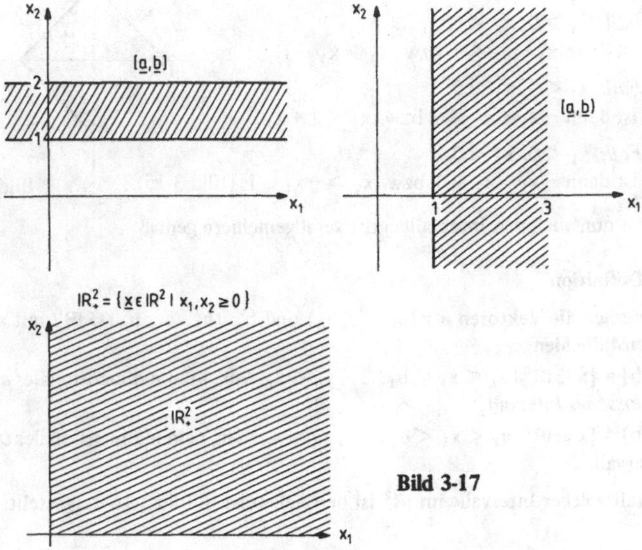

Bild 3-17

$$\{\mathbf{x} \in \mathbb{R}^n | -\infty < x_1 < \infty, \ldots, -\infty < x_n < \infty\} = (-\infty, +\infty) = \mathbb{R}^n,$$

$$\{\mathbf{x} \in \mathbb{R}^n | 0 \leqslant x_1 < \infty, \ldots, 0 \leqslant x_n < \infty\} = [\mathbf{o}, \infty) = \mathbb{R}^n_+,$$

$$\{\mathbf{x} \in \mathbb{R}^2 | -\infty < x_1 < \infty, 1 \leqslant x_2 \leqslant 2\} = [\mathbf{a}, \mathbf{b}] \text{ für } \mathbf{a} = \begin{pmatrix} -\infty \\ 1 \end{pmatrix}, \mathbf{b} = \begin{pmatrix} \infty \\ 2 \end{pmatrix},$$

$$\{\mathbf{x} \in \mathbb{R}^2 | 1 \leqslant x_1 < 3, -\infty < x_2 < \infty\} = [\mathbf{a}, \mathbf{b}) \text{ für } \mathbf{a} = \begin{pmatrix} 1 \\ -\infty \end{pmatrix}, \mathbf{b} = \begin{pmatrix} 3 \\ \infty \end{pmatrix}.$$

Bei der Untersuchung der hier vorkommenden Teilmengen des $\mathbb{R}^n$ interessieren vor allem zwei Eigenschaften, nämlich die Beschränktheit und die Konvexität.

(27.2) Definition

Eine Menge $M \subset \mathbb{R}^n$ heißt

(a) *beschränkt* (Bild 3-18), wenn es ein abgeschlossenes Intervall $[\mathbf{a}, \mathbf{b}] \subset \mathbb{R}^n$ gibt, so daß gilt:

$M \subset [\mathbf{a}, \mathbf{b}]$;

(b) *konvex* (Bild 3-19), wenn mit je zwei Punkten $\mathbf{x}, \mathbf{y} \in M$ auch alle Punkte auf der Verbindungsgeraden zwischen $\mathbf{x}$ und $\mathbf{y}$ in M enthalten sind, d. h. wenn für alle $\lambda \in [0, 1]$ gilt:

$$\mathbf{z} = \lambda \mathbf{x} + (1 - \lambda)\, \mathbf{y} \in M.$$

Beispiele:
zu (a)

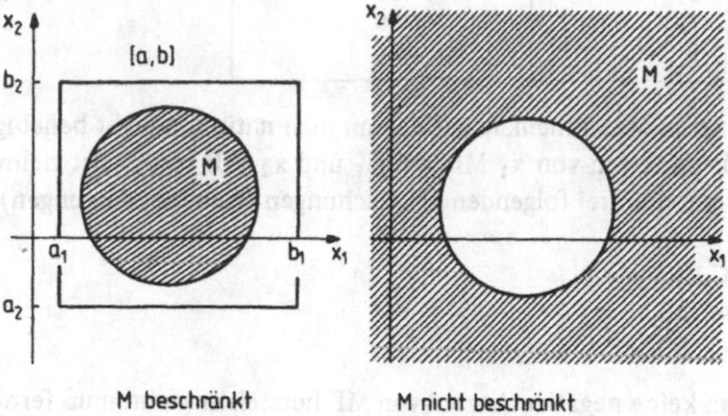

Bild 3-18

(zu b)

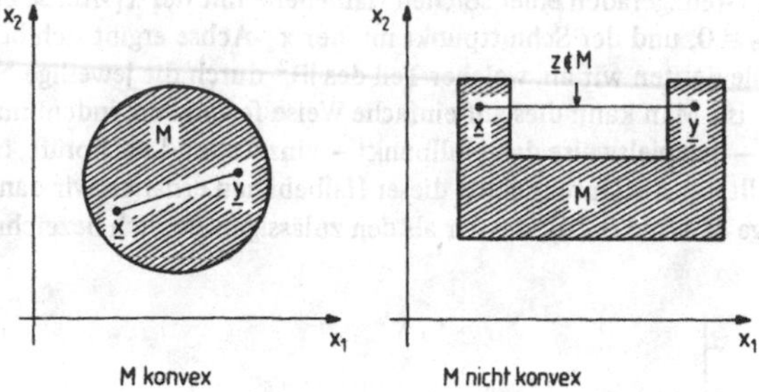

Bild 3-19

Wir wollen nun im folgenden eine wichtige Klasse von Problemen beschreiben, bei denen Punktmengen im IR^n eine Rolle spielen, die mit Hilfe eines Systems linearer Ungleichungen definiert sind.
Betrachten wir dazu etwa einen Betrieb, der zwei Güter G_1 und G_2 herstellt. Zur Produktion dieser beiden Güter stehen die drei Maschinen A, B und C zur Verfügung, die man aus verschiedenen betriebsinternen Gründen (Wartung, anderweitige Verwendung usw.) nur eine begrenzte Anzahl von Stunden pro Monat benützen kann.

In der folgenden Tabelle sei nun die maximale Benutzungsdauer der drei Maschinen angegeben, sowie die Zeit, die man zur Herstellung einer ME von G_1 bzw. G_2 auf diesen Maschinen arbeiten muß.

	Bearbeitungszeiten G_1	G_2	maximale Benutzungsdauer
Maschinen A	1	2	120
Maschinen B	1	1	80
Maschinen C	1	0	60

Wegen der begrenzten Maschinenkapazität kann man natürlich nicht beliebig viel herstellen. Eine Produktion von x_1 ME von G_1 und x_2 ME von G_2 ist vielmehr nur dann möglich, wenn die drei folgenden Ungleichungen (Nebenbedingungen) erfüllt sind:

$$\begin{aligned} x_1 + 2x_2 &\leq 120 \\ x_1 + x_2 &\leq 80 \\ x_1 &\leq 60 \end{aligned}$$

Da man außerdem keine negative Anzahl von ME herstellen kann, muß ferner die sogenannte Nichtnegativitätsbedingung $x_1 \geq 0$, $x_2 \geq 0$ erfüllt sein.
Durch jede dieser Ungleichungen wird nun im $\mathbb{R}^2$ eine Halbebene festgelegt. Den Schnittpunkt der Grenzgeraden einer solchen Halbebene mit der x_1-Achse erhält man sofort bei $x_2 = 0$, und der Schnittpunkt mit der x_2-Achse ergibt sich bei $x_1 = 0$. Durch kleine Pfeile deuten wir an, welcher Teil des $\mathbb{R}^2$ durch die jeweilige Nebenbedingung definiert ist. Man kann dies auf einfache Weise feststellen, indem man einen speziellen Punkt – beispielsweise den Nullpunkt – einsetzt und nachprüft, ob die Ungleichung erfüllt ist. Als Durchschnitt dieser Halbebenen erhalten wir dann die schraffierte Menge M (Bild 3-20), die wir als den zulässigen Bereich bezeichnen.

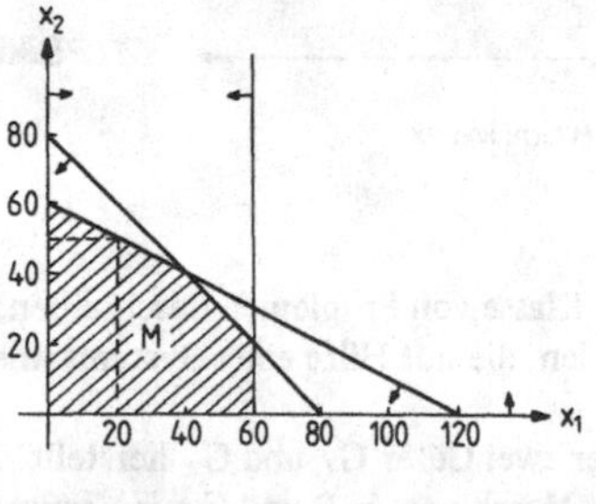

Bild 3-20

Der zulässige Bereich enthält alle möglichen Mengenkombinationen $x = \begin{pmatrix} x_1 \\ x_2 \end{pmatrix}$, die auf den Maschinen A, B und C realisiert werden können. So ist beispielsweise bei einer Produktion von $x = \begin{pmatrix} 20 \\ 50 \end{pmatrix}$ die Kapazität der Maschine A voll ausgelastet und bei den übrigen Maschinen besteht eine nicht ausgenutzte Kapazität.

Das Ziel des Betriebes kann nun etwa darin bestehen, diejenigen Werte von x_1 und x_2 zu bestimmen, bei denen der Gewinn maximal wird. Bei einem Gewinn von $c_1 = 1$ und $c_2 = \frac{3}{2}$ pro ME für G_1 bzw. G_2 ist dann also die Gewinnfunktion (Zielfunktion)

$$G = x_1 + \frac{3}{2} x_2$$

unter Berücksichtigung der oben angegebenen Nebenbedingungen zu maximieren.

Zur graphischen Lösung dieses Problems zeichnen wir zunächst die Gewinnfunktion für den Wert G = 0, die eine Gerade durch den Nullpunkt bildet (Bild 3-21). Diese Gerade verschieben wir nun solange parallel nach oben, bis sie keinen Punkt mehr mit dem Inneren des zulässigen Bereichs M gemeinsam hat und nur noch den Rand von M berührt. Der hierbei ermittelte Schnittpunkt repräsentiert dann eine Mengenkombination, die gemäß den Nebenbedingungen produziert werden kann und für die die Gewinnfunktion maximal wird.

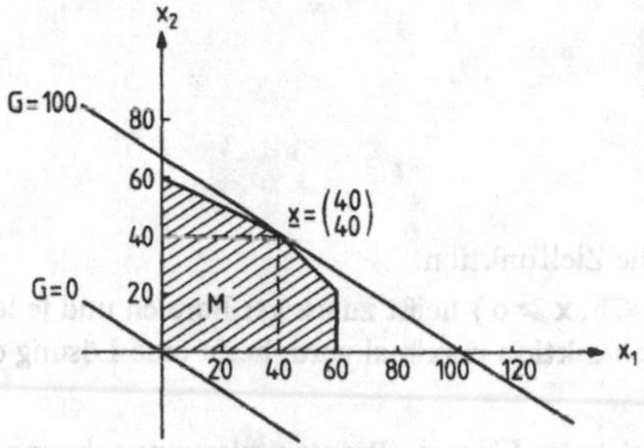

Bild 3-21

Eine Aufgabenstellung wie die soeben beschriebene, bezeichnet man üblicherweise als Lineares Programmierungsproblem. In Matrizenschreibweise läßt sich dieses Problem übersichtlich darstellen in der Form

$$G = \left(1, \frac{3}{2}\right) \begin{pmatrix} x_1 \\ x_2 \end{pmatrix} \to \max$$

unter den Nebenbedingungen

$$\begin{pmatrix} 1 & 2 \\ 1 & 1 \\ 1 & 0 \end{pmatrix} \begin{pmatrix} x_1 \\ x_2 \end{pmatrix} \leqslant \begin{pmatrix} 120 \\ 80 \\ 60 \end{pmatrix} \quad \text{sowie} \begin{pmatrix} x_1 \\ x_2 \end{pmatrix} \geqslant \begin{pmatrix} 0 \\ 0 \end{pmatrix}.$$

Allgemein sagen wir

(27.3) Definition

(a) Ein Lineares Programmierungsproblem (LP-Problem) mit m Ungleichungen und n Unbekannten ist ein Problem der Form

$$z = c_1 x_1 + \ldots + c_n x_n \to \max$$

unter den Nebenbedingungen

$$\begin{aligned}
a_{11}x_1 &+ \ldots + a_{1n}x_n \leqslant b_1\\
a_{21}x_1 &+ \ldots + a_{2n}x_n \leqslant b_2\\
&\vdots\\
a_{m1}x_1 &+ \ldots + a_{mn}x_n \leqslant b_m
\end{aligned}$$

sowie $x_1, \ldots, x_n \geqslant 0$.

Mit den Bezeichnungen

$$\mathbf{A} = \begin{pmatrix} a_{11} & \ldots & a_{1n} \\ \vdots & & \\ a_{m1} & \ldots & a_{mn} \end{pmatrix}, \quad \mathbf{b} = \begin{pmatrix} b_1 \\ \vdots \\ b_m \end{pmatrix}, \quad \mathbf{c} = \begin{pmatrix} c_1 \\ \vdots \\ c_n \end{pmatrix}, \quad \mathbf{x} = \begin{pmatrix} x_1 \\ \vdots \\ x_n \end{pmatrix}$$

lautet dieses LP-Problem

$$z = \mathbf{c}'\mathbf{x} \rightarrow \max$$

unter den Nebenbedingungen

$$\begin{aligned}
\mathbf{Ax} &\leqslant \mathbf{b}\\
\mathbf{x} &\geqslant \mathbf{o}.
\end{aligned}$$

Dabei bezeichnet man z als die Zielfunktion.

(b) Die Menge $M = \{\mathbf{x} \in \mathbb{R}^n \mid \mathbf{Ax} \leqslant \mathbf{b}, \mathbf{x} \geqslant \mathbf{o}\}$ heißt zulässiger Bereich und jeder Vektor $\mathbf{x} \in M$, für den die Zielfunktion maximal wird, heißt eine Lösung des LP-Problems.

Bemerkung: Der Anwendungsbereich der Linearen Programmierungsrechnung ist jedoch keineswegs auf den Fall beschränkt, daß nur Maximierungsprobleme mit Nebenbedingungen in Form von „$\leqslant$"-Zeichen gegeben sind.

(1) Tritt beispielsweise eine Nebenbedingung mit einem „$\geqslant$"-Zeichen

$$a_{i1}x_1 + \ldots + a_{in}x_n \geqslant b_i$$

auf, so erhält man durch Multiplikation mit (− 1):

$$(-a_{i1})\,x_1 + \ldots + (-a_{in})\,x_n \leqslant -b_i.$$

(2) Aus einer Nebenbedingung mit einem „="-Zeichen

$$a_{i1}x_1 + \ldots + a_{in}x_n = b_i$$

ergeben sich weiter die beiden Ungleichungen

$$\begin{aligned}
a_{i1}x_1 + \ldots + a_{in}x_n &\leqslant b_i\\
a_{i1}x_1 + \ldots + a_{in}x_n &\geqslant b_i\\
\text{bzw.}\quad a_{i1}x_1 + \ldots + a_{in}x_n &\leqslant b_i\\
(-a_{i1})\,x_1 + \ldots + (-a_{in})\,x_n &\leqslant -b_i.
\end{aligned}$$

(3) Aus einem Minimierungsproblem

$z = c'x \to \min$

unter den Nebenbedingungen

$Ax \leqslant b, \quad x \geqslant o$

erhält man ferner ein Maximierungsproblem

$z = -(c'x) \to \max$

unter den Nebenbedingungen

$Ax \leqslant b, \quad x \geqslant o,$

indem man einfach die negative Zielfunktion maximiert.

Man kann also auch Probleme der hier beschriebenen Art auf eine Form gemäß Definition (27.3) bringen.

Beispiel

Ein landwirtschaftlicher Betrieb stellt aus zwei Düngemitteln D_1 und D_2 eine Mischung her. Dabei sollen in dieser Mischung mindestens 3 kg Phosphor, 2,4 kg Stickstoff und 0,3 kg Kalzium enthalten sein. Aus der folgenden Tabelle kann man entnehmen, wieviel g dieser chemischen Elemente in 1 kg der beiden Düngemittel jeweils enthalten sind bzw. was 1 kg von D_1 und D_2 kostet.

	D_1	D_2
Phosphor	150	30
Stickstoff	20	120
Kalzium	5	5
Preis in DM	3	8

Das Ziel des Betriebes besteht nun darin, eine Mischung herzustellen, für die die Kosten minimal sind. Bezeichnet man mit x_1 und x_2 die Mengen von D_1 und D_2, die in der Mischung enthalten sind, so lautet dieses LP-Problem:

$z = 3x_1 + 8x_2 \to \min$

unter den Nebenbedingungen

$$\begin{aligned} 150x_1 + 30x_2 &\geqslant 3\,000 \\ 20x_1 + 120x_2 &\geqslant 2\,400 \\ 5x_1 + 5x_2 &\geqslant 300 \\ x_1, x_2 &\geqslant 0 \end{aligned}$$

Durch Multiplikation mit (− 1) erhalten wir dann folgendes, der Definition (27.3) entsprechende Problem (Bild 3-22):

$z = -3x_1 - 8x_2 \rightarrow \max$

unter den Nebenbedingungen

$$\begin{aligned} -150x_1 - 30x_2 &\leqslant -3000 \\ -20x_1 - 120x_2 &\leqslant -2400 \\ -5x_1 - 5x_2 &\leqslant -300 \\ x_1, x_2 &\geqslant 0 \end{aligned}$$

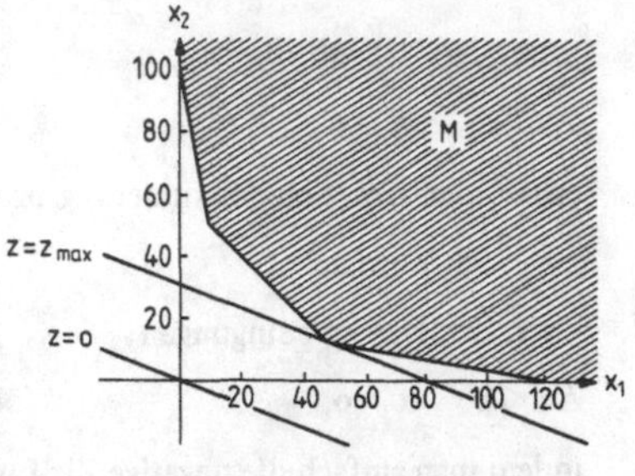

Bild 3-22

Für jedes lineare Programmierungsproblem kann man zeigen, daß der zulässige Bereich M entweder leer ist oder eine konvexe Menge im $\mathbb{R}^n$ bildet. Wir untersuchen zunächst den Fall, daß M beschränkt ist. Hierbei stellt der zulässige Bereich ein n-dimensionales Vieleck dar und die Zielfunktion nimmt ihren maximalen Wert auf mindestens einem Eckpunkt von M an.

Bei der Lösung eines LP-Problems kann man sich also auf die Untersuchung der Eckpunkte des zulässigen Bereichs beschränken. Nach diesem Prinzip arbeitet die sogenannte Simplex-Methode, die sich als ein sehr effektives Lösungsverfahren erwiesen hat. Dabei geht man Schritt für Schritt zu einem anderen Eckpunkt über, bis die Zielfunktion maximal ist. Auf eine genaue Darstellung dieser Methode wollen wir hier verzichten. Wir verweisen dazu etwa auf G. Hadley, Linear Programming.

Bemerkung: Stellt der zulässige Bereich M eine unbeschränkte Menge im $\mathbb{R}^n$ dar, so ist es möglich, daß überhaupt keine Lösung existiert. Im einzelnen hängt dies von der Form der Zielfunktion ab.

Wir wollen nun noch anhand einiger Beispiele im $\mathbb{R}^2$ bzw. $\mathbb{R}^3$ untersuchen, welche Lösungsmöglichkeiten für LP-Probleme auftreten können.

Beispiele

(1) $z = x_1 + x_2 \rightarrow \max$

unter den Nebenbedingungen

$$\begin{aligned} x_1 - x_2 &\leqslant -1 \\ -x_1 + x_2 &\leqslant -1 \\ x_1, x_2 &\geqslant 0 \end{aligned}$$

Der zulässige Bereich M ist die leere Menge; es existiert keine Lösung des LP-Problems (Bild 3-23).

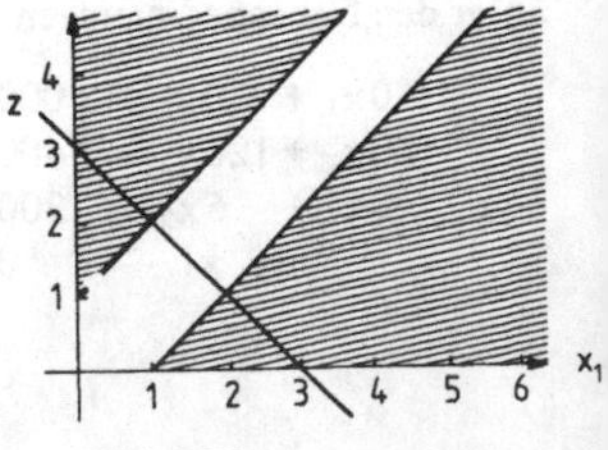

Bild 3-23

(2) $z = x_1 + x_2 \to \max$
unter den Nebenbedingungen

$$-2x_1 + x_2 \leq 0$$
$$-\frac{1}{3}x_1 + x_2 \leq 2$$
$$x_1, x_2 \geq 0$$

Der zulässige Bereich stellt eine unbeschränkte Menge dar. Es existiert keine Lösung, da man die Zielfunktion beliebig nach oben verschieben kann (Bild 3-24). Für die Zielfunktion $\hat{z} = -x_1 + x_2 \to \max$ existiert jedoch eine Lösung.

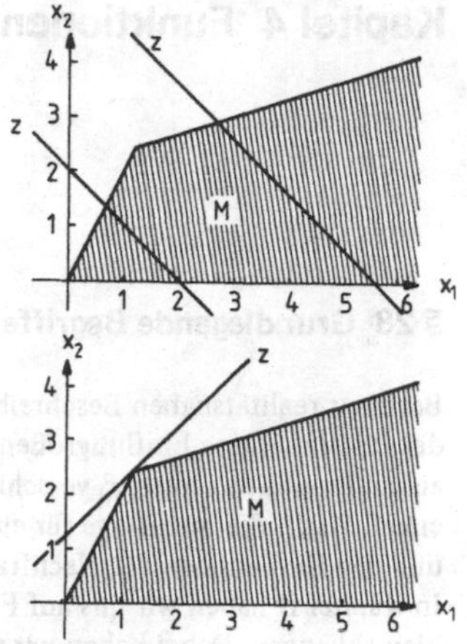

Bild 3-24

(3) $z = x_1 + x_2 \to \max$
unter den Nebenbedingungen

$$x_1 + x_2 \leq 3$$
$$x_1 + 2x_2 \leq 5$$
$$x_1 \leq 2$$
$$x_1, x_2 \geq 0$$

Hierbei verläuft die Zielfunktion parallel zu einer Begrenzungsgeraden des zulässigen Bereichs (Bild 3-25). Jeder Punkt auf der Strecke zwischen A und B stellt eine Lösung des LP-Problems dar; es existieren also unendlich viele Lösungen.

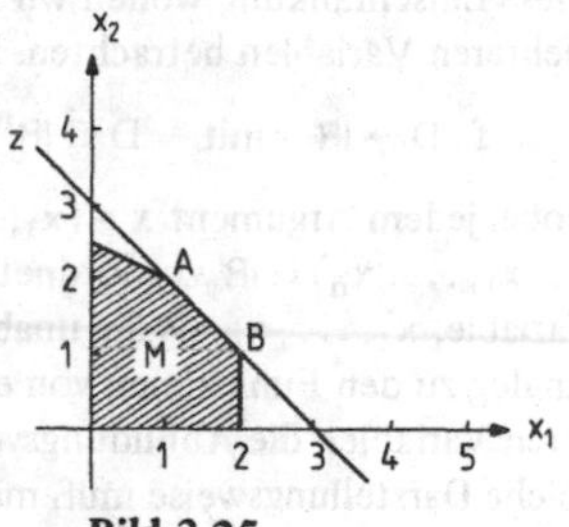

Bild 3-25

(4) Im $\mathbb{R}^3$ stellt der zulässige Bereich M etwa einen Pyramidenstumpf und die Zielfunktion eine Ebene dar (Bild 3-26). Die Zielfunktion nimmt ihren maximalen Wert auf mindestens einem Eckpunkt von M an.

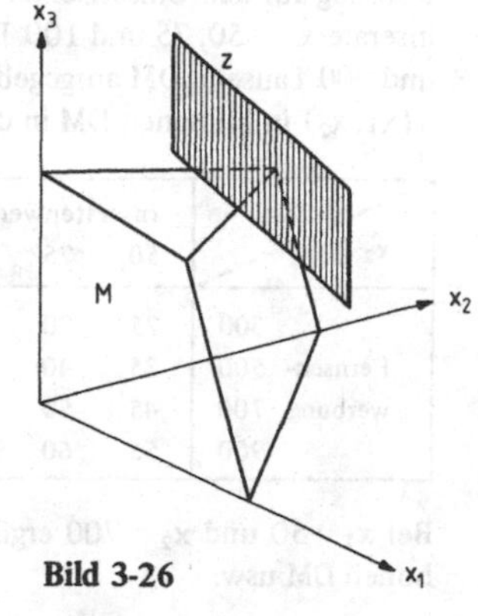

Bild 3-26

Kapitel 4 Funktionen mehrerer Variablen

§ 28 Grundlegende Begriffe

Bei einer realitätsnahen Beschreibung vieler ökonomischer Zusammenhänge sind in der Regel mehrere Einflußgrößen zu berücksichtigen. Dies ist z. B. der Fall, wenn in einem Produktionsprozeß verschiedene Produktionsfaktoren eingesetzt werden, auf einem Markt die Nachfrage für ein bestimmtes Gut von den Preisen für andere Güter und den Einkommen der Nachfrager abhängt usw..

In Kapitel II haben wir uns auf Funktionen beschränkt, die von einer einzigen Variablen abhängen. Dabei haben wir vielfach stillschweigend vorausgesetzt, daß die übrigen Variablen konstant gehalten werden.

Diese Einschränkung wollen wir nun fallenlassen und allgemein Funktionen von mehreren Variablen betrachten. Eine solche Funktion ist einfach eine Abbildung

$$f: D \to \mathbb{R} \quad \text{mit} \quad D \subset \mathbb{R}^n,$$

wobei jedem Argument $x = (x_1, \ldots, x_n) \in D$ genau ein Bildpunkt $y = f(x) = f(x_1, \ldots, x_n) \in \mathbb{R}$ zugeordnet wird. y bezeichnet man dabei als die abhängige Variable, $x_1, \ldots, x_n$ als die unabhängigen Variablen.

Analog zu den Funktionen von einer Variablen kann auch bei Funktionen von mehreren Variablen die Abbildungsvorschrift in Form von Tabellen gegeben sein. Eine solche Darstellungsweise muß man beispielsweise benützen, wenn in einer Untersuchung festgestellt werden soll, wie sich der Einsatz von Inseraten- und Fernsehwerbung auf den Umsatz einer bestimmten Ware auswirkt. Werden etwa für Zeitungsinserate $x_1 = 50, 75$ und 100 Tausend DM und für Fernsehspots $x_2 = 300, 500, 700$ und 900 Tausend DM ausgegeben, so kann man die entsprechenden Umsatzzahlen $u(x_1, x_2)$ in Millionen DM in der folgenden Tabelle anordnen:

x_2 \ x_1		Inseratenwerbung 50	75	100
	300	25	30	35
Fernseh-	500	35	40	45
werbung	700	45	50	55
	900	55	60	65

Bei $x_1 = 50$ und $x_2 = 700$ ergibt sich also z. B. ein Umsatz von $u(x_1, x_2) = 45$ Millionen DM usw.

Eine solche tabellarische Darstellung wird jedoch sehr umständlich und unübersichtlich, wenn bei einem funktionalen Zusammenhang mehr als zwei Einflußgrößen (unabhängige Variable) zu berücksichtigen sind. In der Praxis wird deshalb bei Funktionen von mehreren Variablen die Abbildungsvorschrift in der Regel durch Angabe einer mathematischen Formel festgelegt. Dabei muß natürlich darauf geachtet werden, daß eine auf diese Art definierte Funktion die der Realität entsprechenden Zusammenhänge – zumindest näherungsweise – richtig wiedergibt.
In den Wirtschaftswissenschaften werden sehr häufig Untersuchungen über Funktionen von nur zwei unabhängigen Variablen durchgeführt, während man die eventuell vorhandenen übrigen Einflußgrößen konstant hält. Diese Funktionen haben die nützliche Eigenschaft, daß man sie graphisch darstellen und sich so eine Vorstellung über ihren Verlauf machen kann.
Für eine Funktion von einer Variablen kann man die Bildkurve in einem zweidimensionalen xy-Koordinatensystem aufzeichnen, indem man jedem x aus dem Definitionsbereich den entsprechenden Bildpunkt $y = f(x)$ zuordnet. Analog dazu stellt man eine Funktion von zwei Variablen in einem dreidimensionalen rechtwinkligen xyz-Koordinatensystem dar. Man ordnet dabei jedem Punkt (x, y) aus dem Definitionsbereich $D \subset \mathbb{R}^2$ den entsprechenden Funktionswert $z = f(x, y)$ zu (Bild 4-1). Auf diese Weise ergibt sich eine Fläche über dem Definitionsbereich, die man auch als Funktionsgebirge bezeichnet.

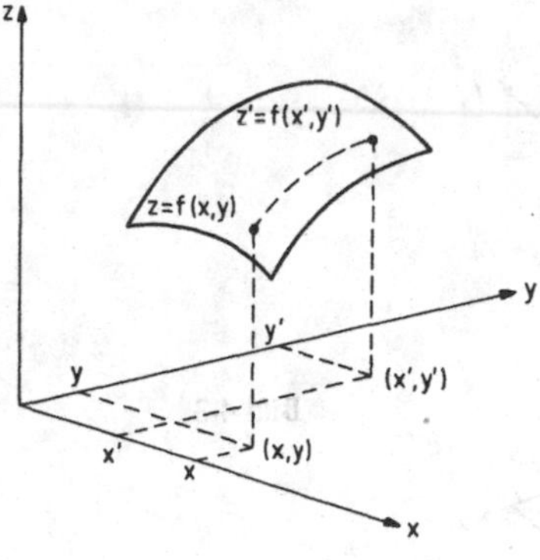

Bild 4-1

Beispiele

(1) $f : \mathbb{R}^2 \to \mathbb{R}$, $f(x, y) = x^2 + y^2$ (Bild 4-2).
Es handelt sich hier um eine bezüglich der z-Achse gedrehte Parabel.

(2) $f : D \to \mathbb{R}$ mit $D = \{(x, y) \in \mathbb{R}^2 \mid x + y \geqslant 0\}$, $f(x, y) = x + y$ (Bild 4-3).
Es handelt sich hierbei um eine durch den Nullpunkt gehende Ebene.

(1) $f: \mathbb{R}^2 \to \mathbb{R}, f(x,y) = x^2 + y^2$

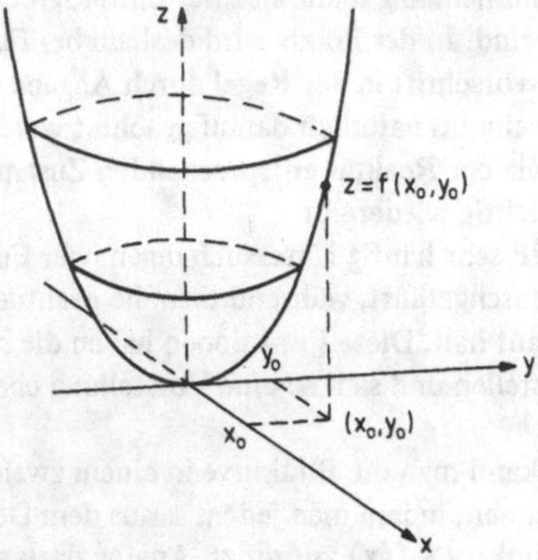

Bild 4-2

(2) $f: D \to \mathbb{R}, f(x,y) = x + y$

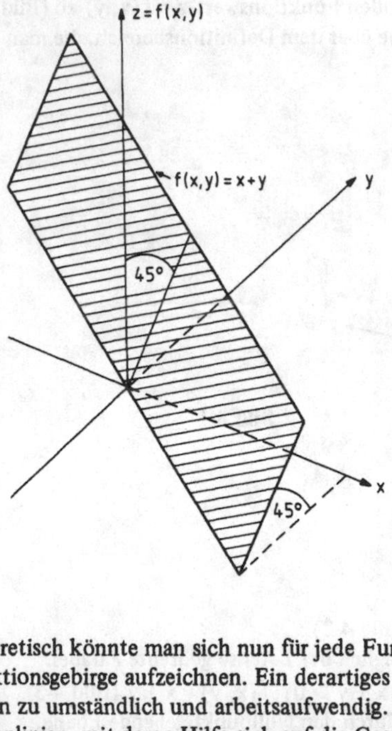

Bild 4-3

Theoretisch könnte man sich nun für jede Funktion von zwei Variablen ein solches Funktionsgebirge aufzeichnen. Ein derartiges Verfahren wäre aber in den meisten Fällen zu umständlich und arbeitsaufwendig. Man bestimmt stattdessen sogenannte Höhenlinien, mit deren Hilfe sich auf die Gestalt der zu untersuchenden Funktion schließen läßt.

Diese Methode wird beispielsweise auch verwendet, wenn man eine Landschaft kartographisch darstellen will. Man schneidet dabei etwa einen bestimmten Berg mit Ebenen, die in verschiedenen Abständen parallel zum Meeresspiegel verlaufen. Die hierbei entstehenden Schnittkurven, die die Umrisse des Berges angeben, bezeichnet man allgemein als Höhenlinien. Aus einer Schar von Höhenlinien kann man dann beispielsweise ungefähr erkennen, wo Gipfel und Täler liegen bzw. wie steil der Berg an einer bestimmten Stelle ansteigt (Bilder 4-4 und 4-5).

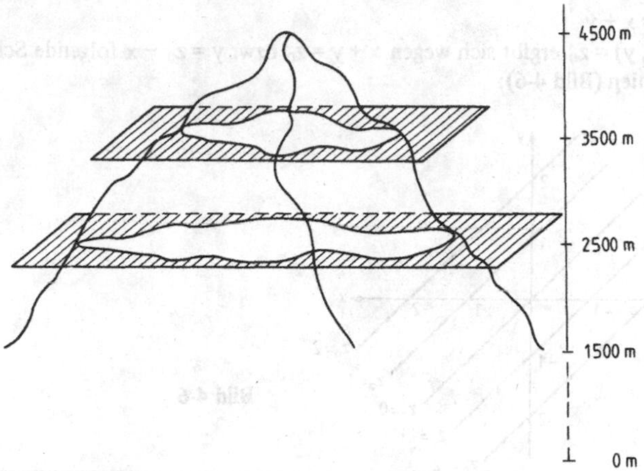

Bild 4-4

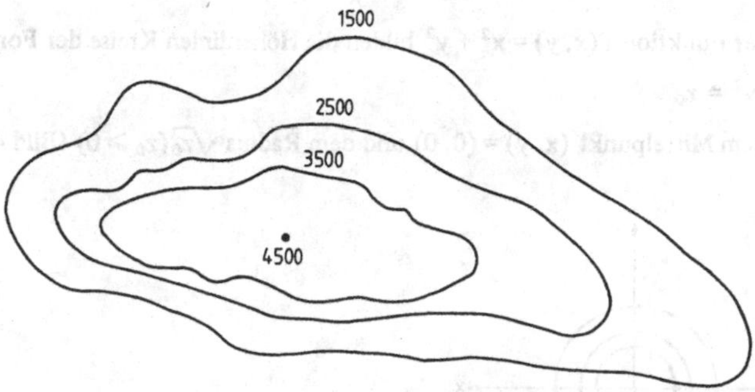

Bild 4-5

Auf analoge Weise verfährt man bei Funktionen von zwei Variablen. Hält man hierbei den Funktionswert konstant bei z_0, so entspricht dies einem Schnitt des Funktionsgebirges mit einer zu den x- und y-Achsen parallelen Ebene (Horizontalschnitt) beim Niveau z_0.

Man braucht nun nur noch – falls möglich – die Gleichung

$$z_0 = f(x, y)$$

aufzulösen, um die zugehörige Höhenlinie berechnen zu können. Auf einer solchen Höhenlinie befinden sich dann alle Funktionswerte $f(x, y)$, die im Abstand z_0 vom Niveau Null entfernt sind.

Beispiele

(1) $f(x, y) = x + y$
Aus $f(x, y) = z_0$ ergibt sich wegen $x + y = z_0$ bzw. $y = z_0 - x$ folgende Schar von Höhenlinien (Bild 4-6):

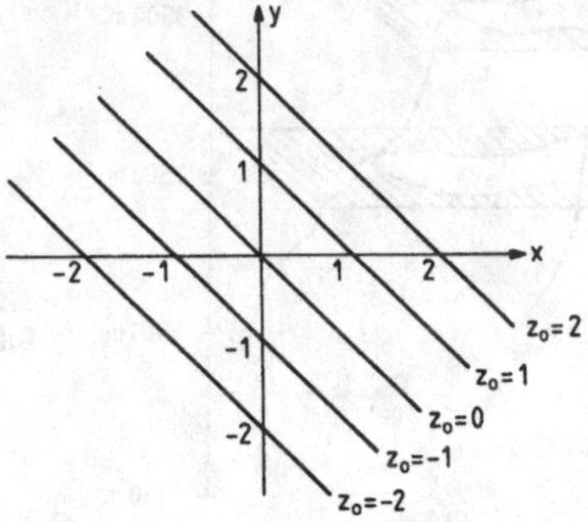

Bild 4-6

(2) Bei der Funktion $f(x, y) = x^2 + y^2$ bilden die Höhenlinien Kreise der Form

$$x^2 + y^2 = z_0$$

mit dem Mittelpunkt $(x, y) = (0, 0)$ und dem Radius $\sqrt{z_0}$ $(z_0 \geqslant 0)$ (Bild 4-7).

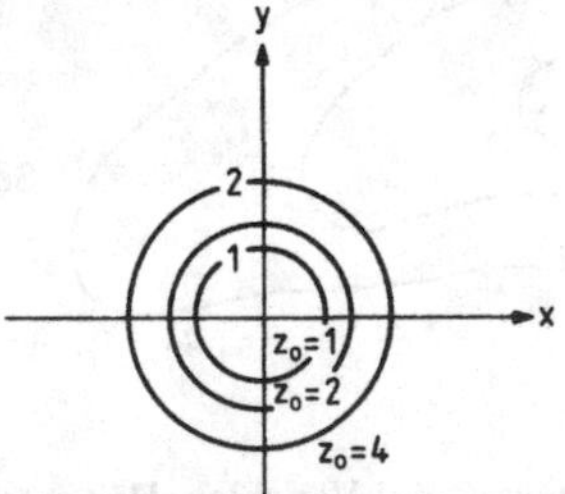

Bild 4-7

(3) Bei der Funktion $f: \mathbb{R}_+^2 \to \mathbb{R}$, $f(x, y) = xy$ haben die Höhenlinien die Form
$y = \frac{z_0}{x}$ $(x, y \neq 0)$ (Bild 4-8).

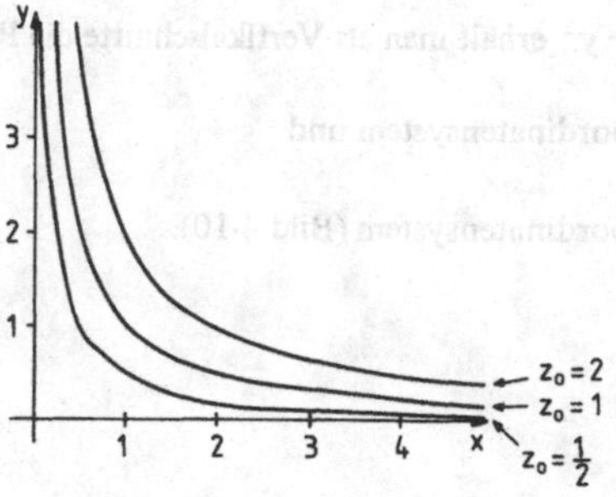

Bild 4-8

Eine weitere Möglichkeit, den Verlauf einer Funktion von zwei Variablen zu untersuchen, besteht darin, das Funktionsgebirge mit einer Ebene zu schneiden, die parallel zu den x- und z-Achsen oder parallel zu den y- und z-Achsen verläuft (Vertikalschnitt; Bild 4-9). Man erhält dabei Funktionen

$$z = f(x, c) \quad \text{und} \quad z = f(c, y),$$

die nur noch von einer einzigen Variablen abhängen, während die jeweils andere Variable beim Niveau c konstant gehalten wird.

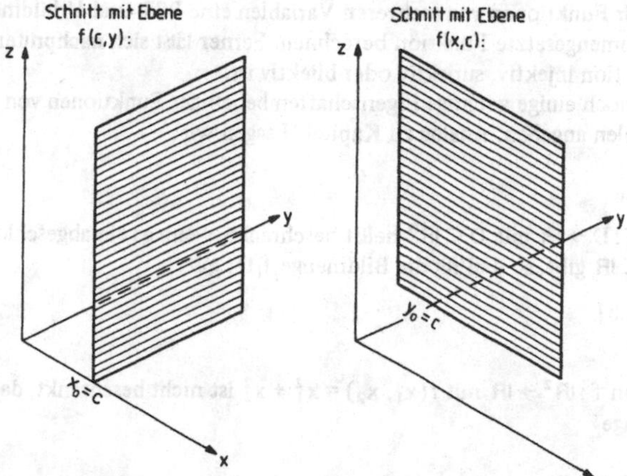

Bild 4-9

Für verschiedene Konstanten ergeben sich dann wieder Scharen von Schnittkurven, mit deren Hilfe man sich eine zumindest angenäherte Vorstellung von dem zu betrachtenden Funktionsgebirge verschaffen kann.

Beispiel

Bei der Funktion $f(x, y) = 4 - \frac{1}{2} x^2 - y^2$ erhält man als Vertikalschnitte die Parabeln

$z = f(x, c) = 4 - \frac{1}{2} x^2 - c^2$ im xz-Koordinatensystem und

$z = f(c, y) = 4 - \frac{c^2}{2} - y^2$ im yz-Koordinatensystem (Bild 4-10).

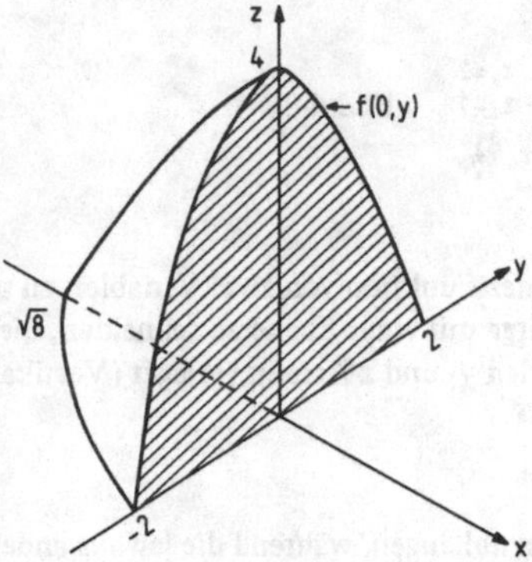

Bild 4-10

Mit Hilfe der in Kapitel I, § 3 für Abbildungen angegebenen Definitionen kann man natürlich auch für Funktionen von mehreren Variablen eine Bild- und Urbildmenge sowie eine zusammengesetzte Funktion berechnen. Ferner läßt sich nachprüfen, ob eine solche Funktion injektiv, surjektiv oder bijektiv ist.

Wir wollen nun noch einige wichtige Eigenschaften beliebiger Funktionen von mehreren Variablen angeben. Analog zu Kapitel II sagen wir:

(28.1) Definition

Eine Funktion $f : D \to \mathbb{R}$ mit $D \subset \mathbb{R}^n$ heißt beschränkt, wenn es ein abgeschlossenes Intervall $[a, b] \subset \mathbb{R}$ gibt, so daß für die Bildmenge $f[D]$ gilt:

$$f[D] \subset [a, b].$$

Beispiele

(1) Die Funktion $f : \mathbb{R}^2 \to \mathbb{R}$ mit $f(x_1, x_2) = x_1^2 + x_2^2$ ist nicht beschränkt, da auch die Bildmenge

$$f[\mathbb{R}^2] = \mathbb{R}_+$$

nicht beschränkt ist.

(2) Die Funktion $f: \mathbb{R}^2 \to \mathbb{R}$ mit $f(x_1, x_2) = e^{-(x_1^2 + x_2^2)}$ ist beschränkt wegen

$f[\mathbb{R}^2] = (0, 1] \subset [0, 1]$.

Bei vielen Problemen ist es notwendig, das Monotonieverhalten von Funktionen $f(x_1, \ldots, x_n)$ in bezug auf eine bestimmte Variable x_i $(i = 1, \ldots, n)$ zu bestimmen. Setzt man für die übrigen Variablen die Konstanten $\bar{x}_1, \ldots, \bar{x}_{i-1}, \bar{x}_{i+1}, \ldots, \bar{x}_n$ ein, so erhält man eine Funktion, die nur noch von x_i abhängt. Diese Funktion ist dann monoton (streng monoton) wachsend bzw. fallend bezüglich der Variablen x_i, wenn die entsprechenden Bedingungen von Definition (10.2) erfüllt sind.

Beispiel

Die Funktion $f: \mathbb{R}_+^2 \to \mathbb{R}$, $f(x_1, x_2) = \frac{x_1}{x_2}$ $(x_1, x_2 \neq 0)$ ist

(1) streng monoton wachsend bezüglich der Variablen x_1. Ist nämlich $x_2 = \bar{x}_2 = \text{const.}$, so gilt für alle $x_{11}, x_{12} > 0$ mit $x_{11} < x_{12}$:

$$f(x_{11}, \bar{x}_2) = \frac{x_{11}}{\bar{x}_2} < \frac{x_{12}}{\bar{x}_2} = f(x_{12}, \bar{x}_2).$$

(2) streng monoton fallend bezüglich der Variablen x_2. Ist nämlich $x_1 = \bar{x}_1 = \text{const.}$, so gilt für alle $x_{21}, x_{22} > 0$ mit $x_{21} < x_{22}$:

$$f(\bar{x}_1, x_{21}) = \frac{\bar{x}_1}{x_{21}} > \frac{\bar{x}_1}{x_{22}} = f(\bar{x}_1, x_{22}).$$

Ähnlich wie man die Stetigkeit bei einer Funktion von einer Variablen definiert, führt man auch den Begriff der Stetigkeit von Funktionen mehrerer Variabler ein:

(28.2) Definition

Sei $f: D \to \mathbb{R}$ mit $D \subset \mathbb{R}^n$ eine Funktion. Dann heißt

(a) f in $x_0 = (x_{10}, \ldots, x_{n0}) \in D$ stetig, falls für alle Folgen $x_{1i} \underset{i \to \infty}{\to} x_{10}, \ldots, x_{ni} \underset{i \to \infty}{\to} x_{n0}$ von Punkten aus dem Definitionsbereich D gilt:

$$f(x_0) = f(x_{10}, \ldots, x_{n0}) = f(\lim_{i \to \infty} x_{1i}, \ldots, \lim_{i \to \infty} x_{ni}) = \lim_{i \to \infty} f(x_{1i}, \ldots, x_{ni});$$

(b) f stetig in D, falls f stetig ist für alle $x \in D$.

Bemerkung: Bei einer stetigen Funktion von mehreren Variablen ist das Funktionsgebirge zusammenhängend und weist keine „Sprünge" auf. Sind die Funktionen $f(x)$, $g(x)$ stetig in x_0, so ist auch die Summe $(f + g)(x)$, das Produkt $(f \cdot g)(x)$ und der Quotient $\frac{f}{g}(x)$ (für $g(x) \neq 0$) stetig in x_0. Ferner ist auch die zusammengesetzte Funktion $h(x) = g(f(x))$ stetig in x_0, falls $f(x)$ stetig in x_0 und $g(z)$ stetig in $z_0 = f(x_0)$ ist.

Eine häufig vorkommende unstetige Funktion ist beispielsweise eine sogenannte Treppenfunktion, wie sie etwa in der folgenden Zeichnung dargestellt wird (Bild 4-11).

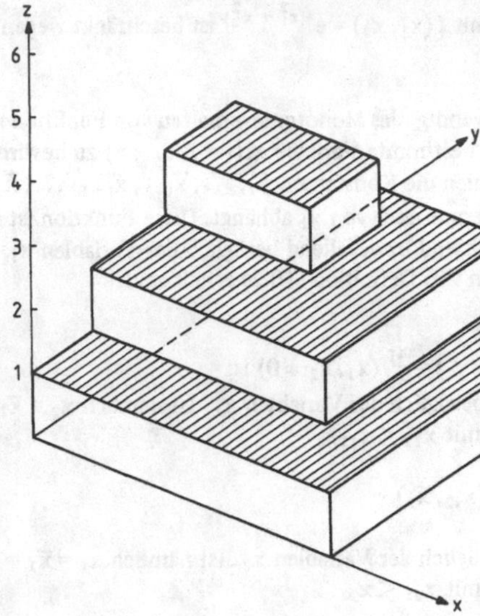

Bild 4-11

Wir wollen nun noch auf zwei in den Wirtschaftswissenschaften häufig verwendete Arten von Funktionen eingehen, nämlich auf lineare und homogene Funktionen.

(28.3) Definition

Eine Funktion $f: D \to \mathbb{R}$ mit $D \subset \mathbb{R}^n$ heißt linear, falls für alle $x, y \in D$ und $\lambda \in \mathbb{R}$ gilt:

$$f(x+y) = f(x) + f(y) \quad \text{und}$$
$$f(\lambda x) = \lambda f(x).$$

Bemerkung: Ist $f(x)$ eine lineare Funktion von einer Variablen, so befinden sich alle Funktionswerte auf einer durch den Koordinatenursprung verlaufenden Geraden. Bei einer linearen Funktion $f(x_1, x_2)$ von zwei Variablen liegen dagegen alle Funktionswerte auf einer Ebene durch den Nullpunkt $o = (0, 0)$ und allgemein bei einer linearen Funktion $f(x_1, \ldots, x_n)$ von n Variablen auf einer n-dimensionalen Ebene durch den Nullpunkt $o = (0, \ldots, 0)$.
Nach Definition (28.3) ist eine Funktion $f(x) = a + bx$ mit $a \neq 0$ nicht linear. Da aber die entsprechende Bildkurve eine Gerade darstellt, wird eine solche Funktion trotzdem vielfach als linear bezeichnet.

(28.4) Definition

Eine Funktion $f: D \to \mathbb{R}$ mit $D \subset \mathbb{R}^n$ heißt homogen vom Grad r, wenn für alle $\lambda \in \mathbb{R}$ und alle Argumente x bzw. $\lambda x \in D$ gilt:

$$f(\lambda x) = \lambda^r f(x).$$

Ist der Homogenitätsgrad r = 1, so nennt man f(x) linear-homogen.

Beispiele

(1) Die Funktion $f(x_1, x_2) = ax_1 + bx_2$ ist linear-homogen, da gilt:

$$f(\lambda x) = f(\lambda x_1, \lambda x_2) = a(\lambda x_1) + b(\lambda x_2) = \\ = \lambda(ax_1 + bx_2) = \lambda f(x_1, x_2) = \lambda^1 f(x).$$

(2) Die Funktion $f(x_1, x_2) = \frac{x_1}{x_2^4}$ ist homogen vom Grad r = − 3 wegen

$$f(\lambda x_1, \lambda x_2) = (\lambda x_1)(\lambda x_2)^{-4} = \lambda\lambda^{-4} x_1 x_2^{-4} = \lambda^{-3} f(x_1, x_2).$$

(3) Die Funktion $f(x_1, \ldots, x_n) = ax_1^{\alpha_1} \cdot x_2^{\alpha_2} \cdot \ldots \cdot x_n^{\alpha_n}$ ist homogen vom Grad

$$r = \sum_{i=1}^{n} \alpha_i \text{ wegen}$$

$$f(\lambda x_1, \ldots, \lambda x_n) = a(\lambda x_1)^{\alpha_1} \cdot (\lambda x_2)^{\alpha_2} \cdot \ldots \cdot (\lambda x_n)^{\alpha_n} = \\ = \lambda^{\alpha_1} \cdot \lambda^{\alpha_2} \cdot \ldots \cdot \lambda^{\alpha_n} \cdot a \cdot x_1^{\alpha_1} \cdot x_2^{\alpha_2} \cdot \ldots \cdot x_n^{\alpha_n} = \\ = \lambda^{\alpha_1 + \ldots + \alpha_n} f(x_1, \ldots, x_n).$$

Bei $\sum_{i=1}^{n} \alpha_i = 1$ ist f linear-homogen.

(4) Die Funktion $f(x) = a + bx$ ist für $a \neq 0$ nicht homogen (inhomogen), da gilt:

$$f(\lambda x) = a + \lambda bx \neq \lambda a + \lambda bx = \lambda(a + bx) = \lambda f(x).$$

Bemerkung

(1) Eine Funktion der Form $f(x_1, x_2) = ax_1^{\alpha_1} x_2^{\alpha_2}$ bzw. $f(x_1, \ldots, x_n) = ax_1^{\alpha_1} \cdot \ldots \cdot x_n^{\alpha_n}$ bezeichnet man als Cobb-Douglas-Funktion von zwei bzw. n Variablen. Solche Funktionen werden häufig als Produktionsfunktionen verwendet. Wir werden darauf ausführlich in § 29 eingehen.

(2) Eine linear-homogene Funktion von mehr als einer Variablen braucht keinesfalls linear zu sein. Während nämlich bei einer linearen Funktion alle Funktionswerte auf einer Ebene durch den Nullpunkt liegen, befinden sich die Funktionswerte bei einer linear-homogenen Funktion nur auf durch den Nullpunkt verlaufenden Geraden (Bild 4-12).

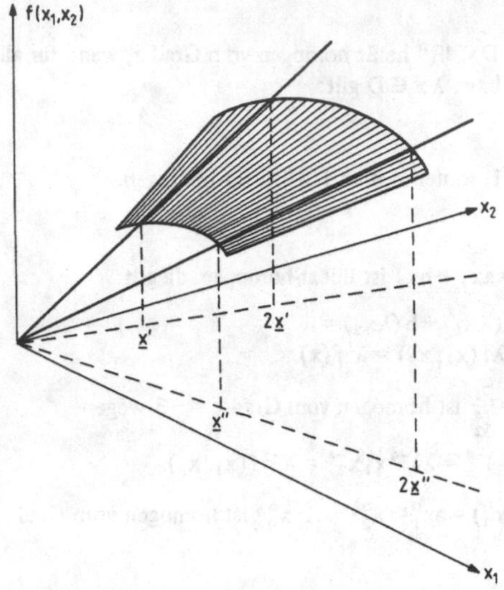

Bild 4-12

§ 29 Wichtige ökonomische Funktionen mehrerer Variabler

Bei vielen in den Wirtschaftswissenschaften vorkommenden Funktionen von mehreren Variablen bereitet es erhebliche Schwierigkeiten, geeignete Abbildungsvorschriften zu finden. Aufgrund von theoretischen Überlegungen weiß man oftmals nur, daß eine solche Funktion in bezug auf eine bestimmte Variable monoton wächst oder fällt, differenzierbar ist usw. oder daß einzelne Höhenlinien gewisse Eigenschaften erfüllen. Häufig nimmt man auch an, daß sich eine bestimmte Funktion von mehreren Variablen unter gewissen Umständen zumindest näherungsweise durch eine einfach zu handhabende Funktion wie etwa eine lineare Funktion, eine Exponentialfunktion usw. annähern läßt. Dabei müssen jedoch oft umfangreiche statistische Untersuchungen durchgeführt werden, um sicherzustellen, daß eine solche Annahme gerechtfertigt ist. Wir wollen nun auf einige der in den Wirtschaftswissenschaften am häufigsten betrachteten Arten von Funktionen mehrerer Variabler genauer eingehen.

Produktionsfunktion

Eine *mikroökonomische* Produktionsfunktion beschreibt den Zusammenhang zwischen den bei der Herstellung eines Gutes G eingesetzten Produktionsfaktoren (Input) und der damit erzeugten Produktionsmenge (Output) im Rahmen einer konstanten Produktionstechnik. Produktionsfaktoren sind z. B. Energie, Rohstoffe, Arbeitsstunden usw.

Werden nun in einem Produktionsprozeß die Mengen $v_1, \ldots, v_n$ der Produktionsfaktoren $F_1, \ldots, F_n$ eingesetzt, so gibt die Produktionsfunktion

$$x = f(v_1, \ldots, v_n)$$

an, welche Menge x man damit von dem Gut G herstellen kann. Wir nehmen hier an, daß alle Produktionsfaktoren unbegrenzt teilbar sind und die Produktionsfunktion stetig ist.
Hängt eine Produktionsfunktion nur von zwei Produktionsfaktoren ab, so kann man deren charakteristische Eigenschaften besonders gut erkennen, wenn man horizontale und vertikale Schnitte durch das Funktionsgebirge legt. Hält man den Output konstant beim Niveau x_0, so ergibt sich aus der Gleichung $x_0 = f(v_1, v_2)$ eine Höhenlinie, auf der alle Mengenkombinationen v_1 und v_2 der Faktoren F_1 und F_2 liegen, mit denen dieser Output x_0 erzeugt werden kann. Eine solche Höhenlinie, die man auch oft als Isoquante bezeichnet, hat im Normalfall etwa eine Form gemäß Bild 4-13.

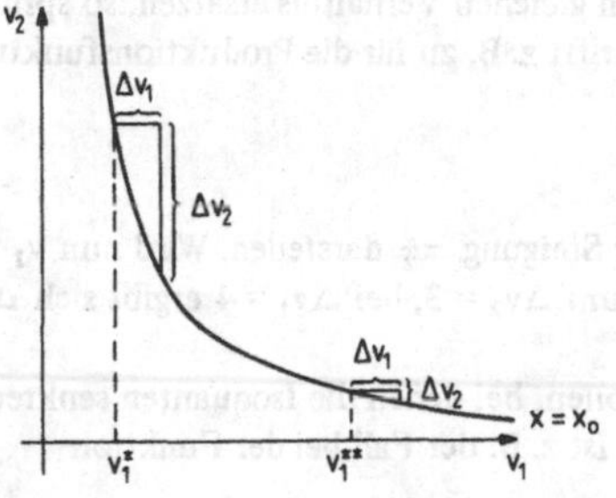

Bild 4-13

Man kann nämlich annehmen, daß bei Verminderung des einen Faktors die Einsatzmenge des anderen Faktors erhöht werden muß, um denselben Output herstellen zu können (Faktorsubstitution). Wird nun v_1 um den Betrag Δv_1 erhöht, so ist der Betrag Δv_2, um den v_2 dann vermindert werden kann, in der Regel bei einem niedrigen Niveau v_1^* größer als bei einem hohen Niveau v_1^{**}. Wir werden darauf im Zusammenhang mit dem „Gesetz der abnehmenden Grenzrate der Substitution" in § 31 genauer eingehen.
Eine Produktionsfunktion, bei der mehrere Mengenkombinationen der Faktoren F_1 und F_2 den gleichen Output liefern können, also die Produktionsfaktoren sich gegenseitig ersetzen (substituieren) lassen, bezeichnet man auch als „*substitutional*".
Für verschiedene konstante Outputs erhält man eine Schar von Isoquanten der beschriebenen Art, aus deren Verlauf man dann auf die Gestalt der Produktionsfunktion schließen kann.

Für die Produktionsfunktion $x = f(v_1, v_2) = v_1^{1/2}\, v_2^{1/2}$ ergibt sich z. B. (Bild 4-14):

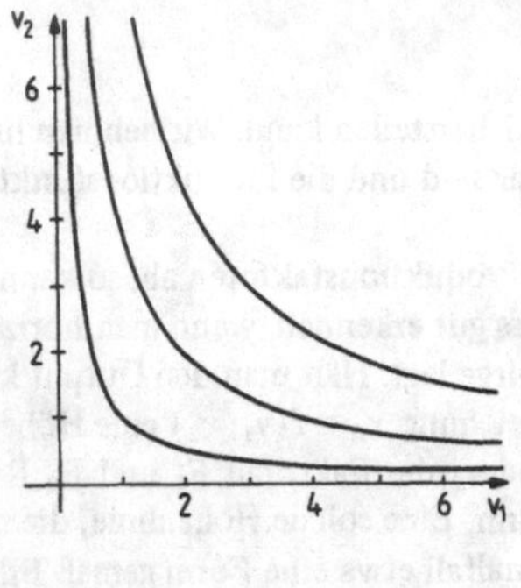

Bild 4-14

Zwei Grenzfälle sind hierbei denkbar:
Lassen sich die beiden Faktoren stets im gleichen Verhältnis ersetzen, so spricht man von strengster Substitutionalität. Dies trifft z. B. zu für die Produktionsfunktion

$$x = f(v_1, v_2) = \frac{3}{2} v_1 + v_2 ,$$

bei der die Isoquanten Geraden mit der Steigung $-\frac{3}{2}$ darstellen. Wird nun v_1 um $\Delta v_1 = 2$ erhöht, so vermindert sich v_2 um $\Delta v_2 = 3$, bei $\Delta v_1 = 4$ ergibt sich $\Delta v_2 = 6$ usw. (Bild 4-15).
Wir betrachten nun Produktionsfunktionen, bei denen die Isoquanten senkrecht aufeinanderstehende Geraden bilden. Dies ist z. B. der Fall bei der Funktion

$$x = f(v_1, v_2) = \min\left[\frac{1}{2} v_1, v_2\right] \quad \text{(Bild 4-16).}$$

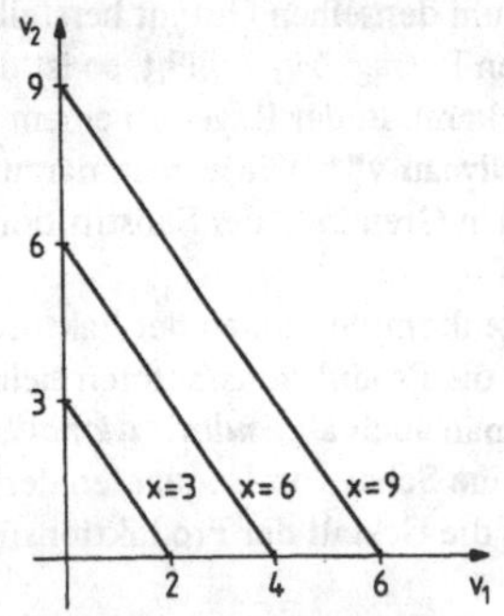

Bild 4-15

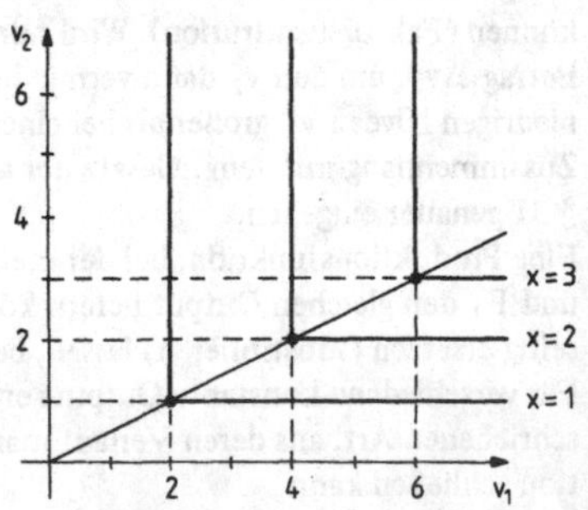

Bild 4-16

Eine solche Funktion bezeichnet man auch als limitational. Offensichtlich können hierbei nur die den einzelnen Eckpunkten entsprechenden Faktorkombinationen sinnvoll bei der Produktion eingesetzt werden. Bei allen übrigen auf den Isoquanten liegenden Faktorkombinationen ist die Einsatzmenge eines der Faktoren größer, als es zur Produktion einer bestimmten Outputmenge x_0 notwendig wäre.
Von großem Interesse ist auch noch die Frage, wie sich der Output x verändert, wenn man die Faktoreinsatzmengen $v_1, \ldots, v_n$ verdoppelt, verdreifacht oder allgemein das λ-fache $\lambda v_1, \ldots, \lambda v_n$ nimmt ($\lambda > 0$). Wir untersuchen also die Produktionsfunktion auf Homogenität und unterscheiden dabei zwischen drei verschiedenen Typen:

Linear-homogene Produktionsfunktionen

Hierbei ändert sich der Output $x = f(v)$ mit demselben Proportionalitätsfaktor wie der Input $v = (v_1, \ldots, v_n)$; es gilt also:

$$f(\lambda v) = \lambda f(v) = \lambda x.$$

Bei einer solchen Produktionsfunktion sind die Abstände zwischen den Isoquanten für die Outputs x_0, $2x_0$, $3x_0$ usw. auf jeder durch den Nullpunkt verlaufenden Geraden gleich groß.

Beispiel

Für $x = f(v_1, v_2) = v_1^{1/2} v_2^{1/2}$ ist

$$f(\lambda v_1, \lambda v_2) = (\lambda v_1)^{1/2} (\lambda v_2)^{1/2} = \lambda v_1^{1/2} v_2^{1/2} = \lambda^1 f(v_1, v_2).$$

Die Isoquante für x_0 hat hierbei die Form

$$\sqrt{v_1} \cdot \sqrt{v_2} = x_0 \quad \text{bzw.} \quad v_2 = \frac{x_0^2}{v_1} \quad \text{(Bild 4-17).}$$

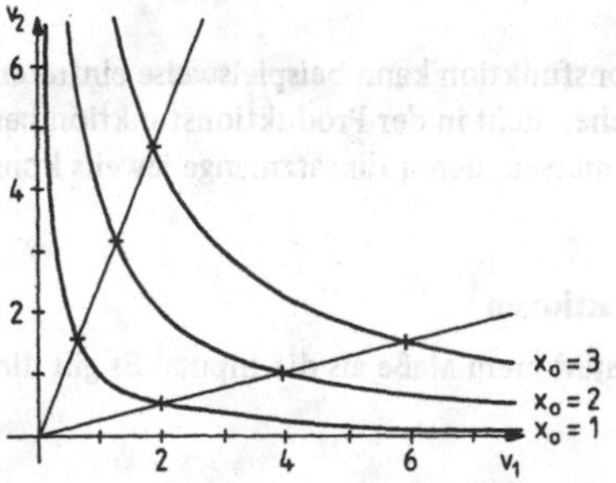

Bild 4-17

Unterlinear-homogene Produktionsfunktionen

Bei dieser Produktionsfunktion wächst der Output in geringerem Maße als die Inputs. Es gilt die Beziehung

$$f(\lambda v) = \lambda^r f(v) = \lambda^r x$$

mit einem Homogenitätsgrad $0 < r < 1$.
Die Abstände zwischen entsprechenden Punkten auf den Isoquanten vergrößern sich hierbei mit wachsenden Outputs.

Beispiel

Für $x = f(v_1, v_2) = v_1^{1/4} v_2^{1/2}$ ist

$$f(\lambda v_1, \lambda v_2) = (\lambda v_1)^{1/4} (\lambda v_2)^{1/2} = \lambda^{3/4} f(v_1, v_2).$$

Die Isoquante für x_0 ergibt sich gemäß der Gleichung

$$v_1^{1/4} v_2^{1/2} = x_0 \quad \text{bzw.} \quad v_2 = \frac{x_0^2}{\sqrt{v_1}} \quad \text{(Bild 4-18).}$$

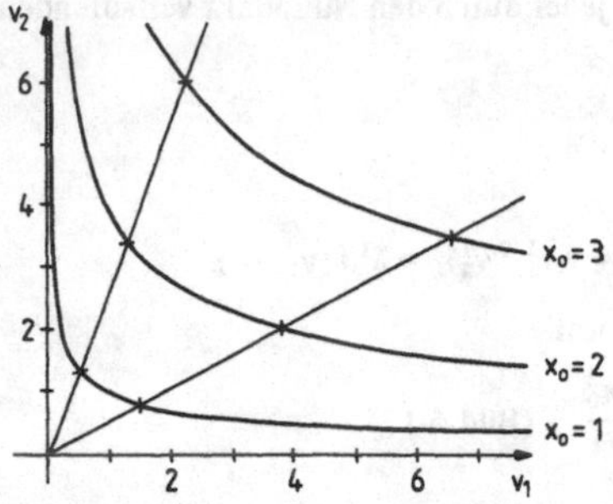

Bild 4-18

Eine unterlinear-homogene Produktionsfunktion kann beispielsweise eintreten, wenn in einem Produktionsprozeß zusätzliche, nicht in der Produktionsfunktion berücksichtigte Faktoren eingesetzt werden müssen, deren Einsatzmenge jeweils konstant bleibt.

Überlinear-homogene Produktionsfunktionen

Hierbei verändert sich der Output in stärkerem Maße als die Inputs. Es gilt die Beziehung

$$f(\lambda v) = \lambda^r f(v) = \lambda^r x$$

mit einem Homogenitätsgrad $r > 1$.
Die Abstände zwischen entsprechenden Punkten auf den Isoquanten verringern sich bei einer solchen Funktion mit wachsenden Outputs.

Beispiel

Für $x = f(v_1, v_2) = v_1 v_2$ ist

$$f(\lambda v_1, \lambda v_2) = (\lambda v_1)(\lambda v_2) = \lambda^2 f(v_1, v_2).$$

Die Isoquante für x_0 genügt der Gleichung

$$v_1 v_2 = x_0 \quad \text{bzw.} \quad v_2 = \frac{x_0}{v_1} \quad \text{(Bild 4-19).}$$

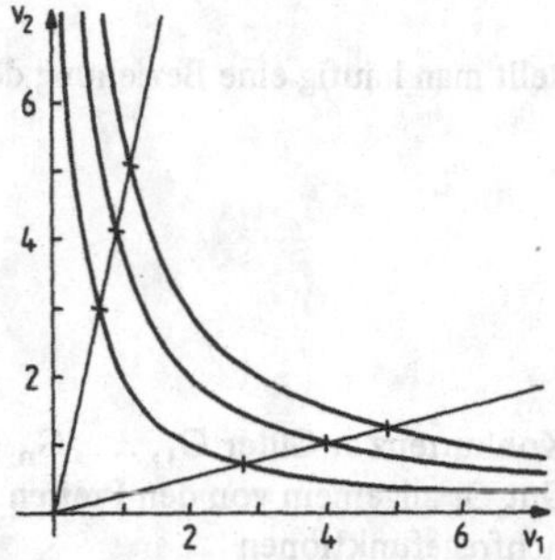

Bild 4-19

Eine überlinear-homogene Produktionsfunktion tritt beispielsweise auf, wenn bei der Ausdehnung der Produktion günstigere Produktionsverfahren eingesetzt werden können. So ist etwa denkbar, daß bei der Vermehrung des Faktors Arbeit eine bessere Arbeitsteilung möglich ist.

Weitere Einblicke in die Struktur einer Produktionsfunktion gewinnt man bei partieller Variation eines Faktors und Konstanz der anderen Faktoren. Dies entspricht einem Vertikalschnitt durch das Funktionsgebirge.

Man erhält dabei Funktionen $f(v_{10}, \ldots, v_i, \ldots, v_{n0})$ von einer Variablen $v_i\,(i = 1, \ldots, n)$, die den Output x in Abhängigkeit von der Faktoreinsatzmenge v_i beschreiben.

Bei einer Produktionsfunktion

$$x = f(v_1, v_2) = v_1^{1/2} v_2^{1/2}$$

ergeben sich dann beispielsweise für die konstanten Werte $v_2 = 1$, $v_2 = 4$ und $v_2 = 7$ des Produktionsfaktors F_2, die in Bild 4-20 dargestellten Kurven.

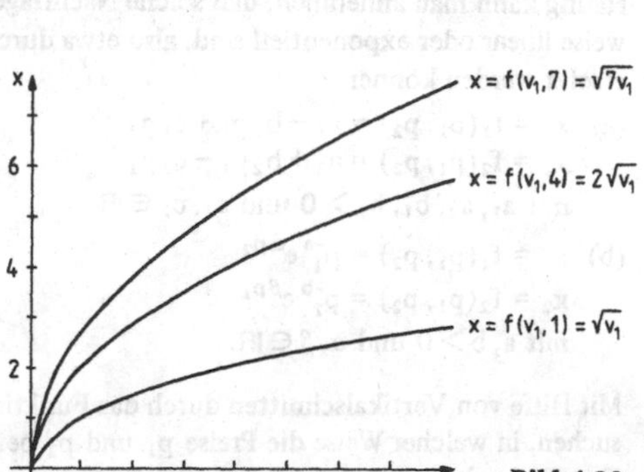

Bild 4-20

Wie man hierbei sieht, verläuft der Anstieg dieser Funktionen mit zunehmender Faktoreinsatzmenge v_1 immer flacher. Alle drei Funktionen genügen also dem sogenannten „Gesetz über die abnehmenden Grenzerträge des variablen Faktors".
Neben den mikroökonomischen werden auch noch *makroökonomische* Produktionsfunktionen betrachtet. Eine solche Produktionsfunktion beschreibt die Abhängigkeit zwischen der Gesamtproduktion Y einer Volkswirtschaft und den Produktionsfaktoren Arbeit (A), Kapital (K) und technischer Fortschritt (T). Es gilt also:

$$Y = f(A, K, T).$$

Als Spezialfall einer solchen Funktion unterstellt man häufig eine Beziehung der Form

$$Y = aA^{\alpha_1} K^{\alpha_2}.$$

(Cobb-Douglas-Funktion).

Nachfragefunktion

Werden auf einem Markt mit vollkommener Konkurrenz n Güter $G_1, \ldots, G_n$ gehandelt, so hängt die Nachfrage nach einem Gut G_i allgemein von den Preisen aller dieser Güter ab. Wir können also hierbei n Nachfragefunktionen

$$x_1 = f_1(p_1, \ldots, p_n), \ldots, x_n = f_n(p_1, \ldots, p_n)$$

aufstellen. Die Funktion $x_i = f_i(p_1, \ldots, p_n)$ beschreibt jeweils den funktionalen Zusammenhang zwischen der für ein Gut G_i nachgefragten Menge x_i und den Preisen $p_1, \ldots, p_n$ aller auf dem Markt angebotenen Güter $G_1, \ldots, G_n$.
Vielfach beschränkt man sich darauf, nur die Nachfragebeziehungen zwischen zwei besonders interessierenden Gütern zu analysieren. Bei Konstanz der Preise für die übrigen Güter erhält man dann in diesem Fall die beiden Nachfragefunktionen

$$x_1 = f_1(p_1, p_2) \quad \text{und} \quad x_2 = f_2(p_1, p_2).$$

Häufig kann man annehmen, daß solche Nachfragefunktionen zumindest näherungsweise linear oder exponentiell sind, also etwa durch Funktionen des folgenden Typs ersetzt werden können:

(a) $x_1 = f_1(p_1, p_2) = a_1 - b_1 p_1 + c_1 p_2$
$x_2 = f_2(p_1, p_2) = a_2 + b_2 p_1 - c_2 p_2$
mit $a_1, a_2, b_1, b_2 > 0$ und $c_1, c_2 \in \mathbb{R}$.

(b) $x_1 = f_1(p_1, p_2) = p_1^{-a} e^{\alpha p_2}$
$x_2 = f_2(p_1, p_2) = p_2^{-b} e^{\beta p_1}$
mit $a, b > 0$ und $\alpha, \beta \in \mathbb{R}$.

Mit Hilfe von Vertikalschnitten durch das Funktionsgebirge kann man nun untersuchen, in welcher Weise die Preise p_1 und p_2 beispielsweise die Nachfrage nach dem Gut G_1 beeinflussen.

Bei $p_2 = \bar{p}_2$ = const. gibt die Funktion $x_1 = f_1(p_1, \bar{p}_2)$ die Nachfrage nach Gut G_1 in Abhängigkeit von dessen Preis p_1 an. Wir haben solche Funktionen bereits in § 11 behandelt.
Bei $p_1 = \bar{p}_1$ = const. beschreibt die Funktion $x_1 = f_1(\bar{p}_1, p_2)$, in welcher Weise sich eine Änderung des Preises von Gut G_2 auf die Nachfrage nach dem Gut G_1 auswirkt. Ist diese Funktion streng monoton wachsend (fallend), so spricht man von substituierbaren (komplementären) Gütern (Bild 4-21).

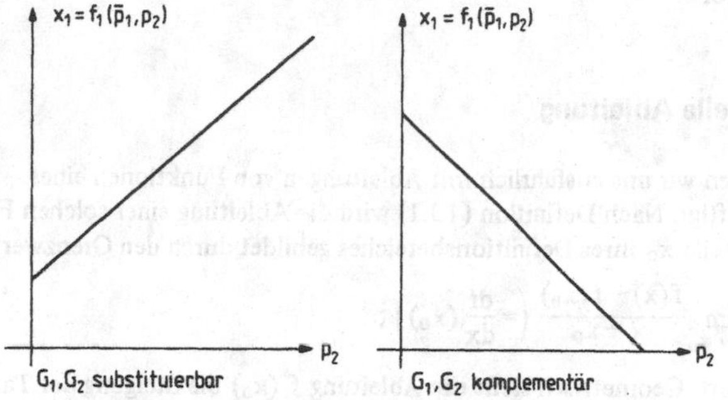

Bild 4-21

Nutzenfunktion

Die Nutzenfunktion $u(x_1, \ldots, x_n)$ beschreibt den Nutzen, den ein Wirtschaftssubjekt dem Erwerb bzw. Verbrauch der Mengen $x_1, \ldots, x_n$ von den Gütern $G_1, \ldots, G_n$ beimißt. Eine solche Nutzenfunktion läßt sich in der Regel kaum direkt angeben. Es ist jedoch vielfach möglich – wenn auch nicht einfach – unter gewissen Voraussetzungen Kurven zu ermitteln, auf denen die Mengenkombinationen $(x_1, \ldots, x_n)$ liegen, die alle denselben Nutzen erbringen.
Beschränkt man sich auf den Fall von nur zwei Gütern, so kann man die Wertschätzungen eines Wirtschaftssubjekts in bezug auf diese Güter beispielsweise aus der Schar von Indifferenzkurven erkennen, die wir jeweils durch sogenannte Nutzenindices unterscheiden (Bild 4-22).

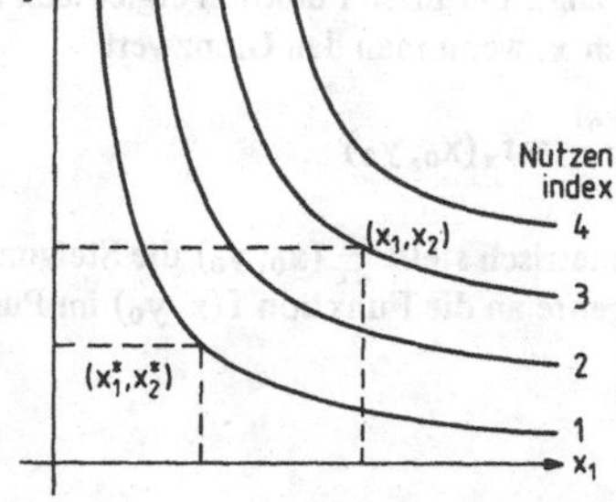

Bild 4-22

Eine Mengenkombination (x_1, x_2) auf einer Indifferenzkurve mit höherem Nutzenindex wird hierbei bevorzugt gegenüber einer Mengenkombination (x_1^*, x_2^*) mit niedrigerem Nutzenindex. Dagegen verhält sich das Wirtschaftssubjekt indifferent zwischen Mengenkombinationen auf derselben Indifferenzkurve, da sie ja alle den gleichen Nutzen erzielen.
Der Abstand zwischen den einzelnen Indifferenzkurven, also die Nutzendifferenz, ist im allgemeinen nicht bekannt. Es liegt also hier lediglich eine sogenannte *ordinale* Nutzenmessung vor.

§ 30 Die partielle Ableitung

In Kapitel II haben wir uns ausführlich mit Ableitungen von Funktionen einer Variablen beschäftigt. Nach Definition (13.1) wird die Ableitung einer solchen Funktion f an einer Stelle x_0 ihres Definitionsbereiches gebildet durch den Grenzwert

$$f'(x_0) = \lim_{x \to x_0} \frac{f(x) - f(x_0)}{x - x_0} \left(= \frac{df}{dx}(x_0) \right),$$

falls dieser existiert. Geometrisch stellt die Ableitung $f'(x_0)$ die Steigung der Tangente an die Funktion f an der Stelle x_0 dar.
Wollte man nun versuchen, auch für eine Funktion $f(x, y)$ von zwei Variablen auf analoge Weise an der Stelle (x_0, y_0) eine solche „Ableitung" zu definieren, so müßte man hierzu den Grenzwert

$$\lim_{\substack{x \to x_0 \\ y \to x_0}} \frac{f(x, y) - f(x_0, y_0)}{\begin{pmatrix} x \\ y \end{pmatrix} - \begin{pmatrix} x_0 \\ y_0 \end{pmatrix}}$$

berechnen. Ein solcher Ausdruck hat aber natürlich keinen Sinn, da die Division durch einen Vektor nicht erklärt ist.
Wir wollen deshalb den Begriff der Ableitung in geeigneter Weise modifizieren, indem wir sogenannte partielle Ableitungen einführen. Setzt man in der Funktion $f(x, y)$ für die Variable y die Konstante y_0 ein, so erhält man eine Funktion, die nur noch von *einer* Variablen – nämlich von x – abhängt. Für diese Funktion ergibt sich dann auf die übliche Weise die Ableitung bezüglich x, wenn man den Grenzwert

$$\frac{\partial f}{\partial x}(x_0, y_0) = \lim_{x \to x_0} \frac{f(x, y_0) - f(x_0, y_0)}{x - x_0} = f_x(x_0, y_0)$$

der Differenzenquotienten berechnet. Geometrisch stellt $\frac{\partial f}{\partial x}(x_0, y_0)$ die Steigung der in Richtung der x-Achse verlaufenden Tangente an die Funktion $f(x, y_0)$ im Punkt (x_0, y_0) dar (Bild 4-23).

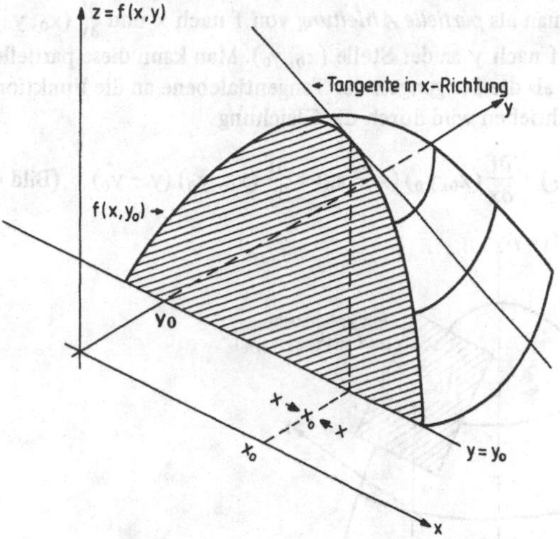

Bild 4-23

Auf analoge Weise kann man dann auch für den Punkt (x_0, y_0) die Ableitung von $f(x, y)$ bezüglich y ermitteln. Man setzt hierbei für die Variable x die Konstante x_0 ein und berechnet den Grenzwert

$$\frac{\partial f}{\partial y}(x_0, y_0) = \lim_{y \to y_0} \frac{f(x_0, y) - f(x_0, y_0)}{y - y_0} = f_y(x_0, y_0).$$

Geometrisch stellt diese Ableitung wieder die Steigung der in Richtung der y-Achse verlaufenden Tangente an $f(x_0, y)$ im Punkt (x_0, y_0) dar (Bild 4-24).

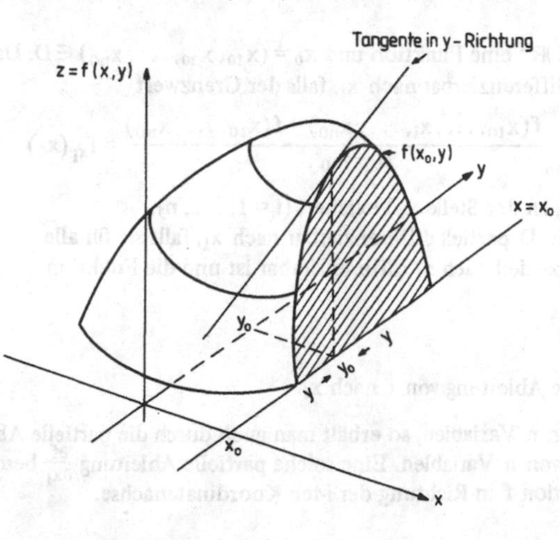

Bild 4-24

$\frac{\partial f}{\partial x}(x_0, y_0)$ bezeichnet man als *partielle Ableitung* von f nach x und $\frac{\partial f}{\partial y}(x_0, y_0)$ als *partielle Ableitung* von f nach y an der Stelle (x_0, y_0). Man kann diese partiellen Ableitungen interpretieren als die Steigungen der Tangentialebene an die Funktion f im Punkt (x_0, y_0), die beschrieben wird durch die Gleichung

$$T(x, y) = f(x_0, y_0) + \frac{\partial f}{\partial x}(x_0, y_0)(x - x_0) + \frac{\partial f}{\partial y}(x_0, y_0)(y - y_0) \quad \text{(Bild 4-25)}.$$

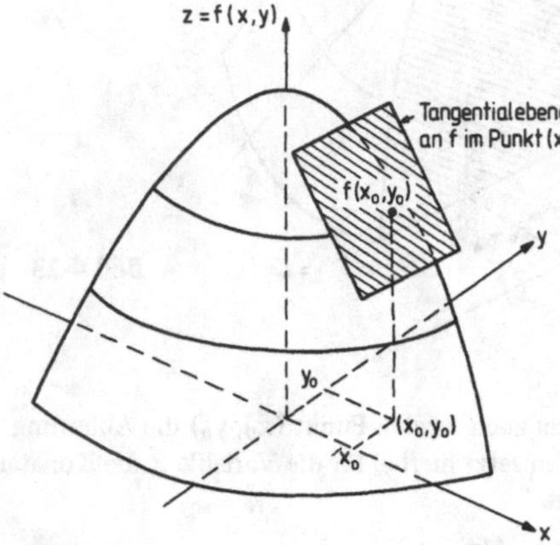

Bild 4-25

Bei Funktionen von mehreren Variablen führt man die partiellen Ableitungen auf ähnliche Weise ein.

(30.1) Definition

Sei $f: D \to \mathbb{R}$ mit $D \subset \mathbb{R}^n$ eine Funktion und $\mathbf{x}_0 = (x_{10}, x_{20}, \ldots, x_{n0}) \in D$. Dann heißt f in $\mathbf{x}_0$ partiell differenzierbar nach x_i, falls der Grenzwert

$$\frac{\partial f}{\partial x_i}(\mathbf{x}_0) = \lim_{x_i \to x_{i0}} \frac{f(x_{10}, \ldots, x_i, \ldots, x_{n0}) - f(x_{10}, \ldots, x_{n0})}{x_i - x_{i0}} = f_{x_i}(\mathbf{x}_0)$$

(lies: f partiell nach x_i an der Stelle $\mathbf{x}_0$) existiert $(i = 1, \ldots, n)$.
Die Funktion f heißt in D partiell differenzierbar nach x_i, falls sie für alle $\mathbf{x} = (x_1, \ldots, x_n) \in D$ partiell nach x_i differenzierbar ist und die Funktion

$$\frac{\partial f}{\partial x_i}(\mathbf{x}) = f_{x_i}(\mathbf{x})$$

nennt man die partielle Ableitung von f nach x_i.

Ist f eine Funktion von n Variablen, so erhält man auch durch die partielle Ableitung wieder eine Funktion von n Variablen. Eine solche partielle Ableitung $\frac{\partial f}{\partial x_i}$ beschreibt die Steigung der Funktion f in Richtung der i-ten Koordinatenachse.

Bemerkung: Ähnlich wie bei der Bestimmung von Ableitungen für Funktionen einer Variablen braucht man auch bei der Berechnung von partiellen Ableitungen nicht für jedes Argument x den in (30.1) angegebenen Grenzwert zu ermitteln. Man erhält vielmehr die partielle Ableitung $\frac{\partial f}{\partial x_i} = f_{x_i}$ einer Funktion $f(x_1, \ldots, x_n)$, indem man die Variablen $x_1, \ldots, x_{i-1}, x_{i+1}, \ldots, x_n$ als Konstante auffaßt und f auf die übliche Weise nach x_i differenziert $(i = 1, \ldots, n)$.

Beispiele

(1) $f(x_1, x_2) = 2x_1^2 x_2 - x_2^3$

$$\frac{\partial f}{\partial x_1}(x) = 4x_1 x_2, \quad \frac{\partial f}{\partial x_2}(x) = 2x_1^2 - 3x_2^2.$$

(2) $f(x, y) = e^{-a(x^2 + y^2)}$

$$f_x(x, y) = e^{-a(x^2 + y^2)} \cdot (-2ax),$$
$$f_y(x, y) = e^{-a(x^2 + y^2)} \cdot (-2ay).$$

(3) $f(x_1, \ldots, x_n) = \sum_{i=1}^{n} a_i x_i^2 = a_1 x_1^2 + \ldots + a_n x_n^2$

$$f_{x_1}(x) = 2a_1 x_1, \ldots, f_{x_n}(x) = 2a_n x_n.$$

(4) $f(x_1, x_2, x_3) = \frac{\sqrt{x_1 x_3}}{x_1 + x_2^2} = x_1^{1/2} x_3^{1/2} (x_1 + x_2^2)^{-1}$

$$f_{x_1}(x) = x_3^{1/2} \left[\frac{1}{2} x_1^{-1/2} (x_1 + x_2^2)^{-1} + x_1^{1/2} (-1) (x_1 + x_2^2)^{-2} \right] =$$
$$= \frac{1}{2} \frac{\sqrt{x_3}}{\sqrt{x_1}\,(x_1 + x_2^2)} - \frac{\sqrt{x_1 x_3}}{(x_1 + x_2^2)^2},$$

$$f_{x_2}(x) = x_1^{1/2} x_3^{1/2} (-1) (x_1 + x_2^2)^{-2} \cdot 2x_2 =$$
$$= -\frac{2x_2 \sqrt{x_1 x_3}}{(x_1 + x_2^2)^2},$$

$$f_{x_3}(x) = \frac{1}{2} x_3^{-1/2} x_1^{1/2} (x_1 + x_2^2)^{-1} = \frac{1}{2} \frac{\sqrt{x_1}}{\sqrt{x_3}\,(x_1 + x_2^2)}.$$

(5) $f(A, K) = A^{1-\alpha} K^{\alpha}$ mit $0 < \alpha < 1$.

$$\frac{\partial f}{\partial A}(A, K) = (1 - \alpha) A^{1-\alpha-1} K^{\alpha} = (1 - \alpha) A^{-\alpha} K^{\alpha} = (1 - \alpha) \left(\frac{K}{A}\right)^{\alpha},$$

$$\frac{\partial f}{\partial K}(A, K) = \alpha A^{1-\alpha} K^{\alpha-1} = \alpha \left(\frac{K}{A}\right)^{\alpha-1}.$$

Ist eine Funktion $f(x) = f(x_1, \ldots, x_n)$ partiell differenzierbar nach allen Variablen, so erhalten wir die partiellen Ableitungen *erster Ordnung*

$$\frac{\partial f}{\partial x_i}(x) = f_{x_i}(x) \quad (i = 1, \ldots, n).$$

Falls nun diese partiellen Ableitungen nochmals partiell differenzierbar sind nach allen Variablen, so ergeben sich die partiellen Ableitungen *zweiter Ordnung*

$$\frac{\partial^2 f}{\partial x_i \, \partial x_j}(x) = f_{x_i x_j}(x) \quad (i = 1, \ldots, n; j = 1, \ldots, n).$$

Durch weiteres Differenzieren – falls möglich – erhält man die partiellen Ableitungen *dritter Ordnung*

$$\frac{\partial^3 f}{\partial x_i \, \partial x_j \, \partial x_k}(x) = f_{x_i x_j x_k}(x)$$

$(i = 1, \ldots, n; j = 1, \ldots, n; k = 1, \ldots, n)$ usw.

Für viele Zwecke ist es günstig, die n partiellen Ableitungen erster Ordnung zu einem Vektor und die n^2 partiellen Ableitungen zweiter Ordnung zu einer Matrix zusammenzufassen. Wir sagen:

(30.2) Definition

Gegeben sei die Funktion $f: D \to \mathbb{R}$ mit $D \subset \mathbb{R}^n$. Ist dann

(a) f partiell differenzierbar nach $x_1, \ldots, x_n$, so heißt der Vektor

$$(\text{grad } f)(x) = \begin{pmatrix} f_{x_1}(x) \\ \vdots \\ f_{x_n}(x) \end{pmatrix}$$

der Gradient von f an der Stelle **x**;

(b) f zweimal partiell differenzierbar nach $x_1, \ldots, x_n$, so heißt die Matrix

$$H(x) = \begin{pmatrix} f_{x_1 x_1}(x) & f_{x_1 x_2}(x) & \ldots & f_{x_1 x_n}(x) \\ f_{x_2 x_1}(x) & f_{x_2 x_2}(x) & \ldots & f_{x_2 x_n}(x) \\ \vdots & & & \vdots \\ f_{x_n x_1}(x) & f_{x_n x_2}(x) & \ldots & f_{x_n x_n}(x) \end{pmatrix}$$

die Hessesche Matrix von f an der Stelle **x**.

Beispiele

(1) $f(x_1, x_2, x_3) = x_1^3 + x_2^2 x_3 + x_3$

Wegen $f_{x_1}(x) = 3x_1^2$, $f_{x_2}(x) = 2x_2x_3$ und $f_{x_3}(x) = x_2^2 + 1$ ist

$$(\text{grad } f)(x) = \begin{pmatrix} 3x_1^2 \\ 2x_2x_3 \\ x_2^2+1 \end{pmatrix}.$$

Aus den partiellen Ableitungen zweiter Ordnung

$$\begin{array}{lll} f_{x_1x_1}(x) = 6x_1, & f_{x_1x_2}(x) = 0, & f_{x_1x_3}(x) = 0, \\ f_{x_2x_1}(x) = 0, & f_{x_2x_2}(x) = 2x_3, & f_{x_2x_3}(x) = 2x_2 \\ f_{x_3x_1}(x) = 0, & f_{x_3x_2}(x) = 2x_2, & f_{x_3x_3}(x) = 0 \end{array}$$

bilden wir dann die Hessesche Matrix

$$H(x) = \begin{pmatrix} 6x_1 & 0 & 0 \\ 0 & 2x_3 & 2x_2 \\ 0 & 2x_2 & 0 \end{pmatrix}.$$

Für $x_0 = (0, 0, 0)$ erhält man hierbei

$$(\text{grad } f)(0,0,0) = \begin{pmatrix} 0 \\ 0 \\ 1 \end{pmatrix} \text{ sowie } H(0,0,0) = \begin{pmatrix} 0 & 0 & 0 \\ 0 & 0 & 0 \\ 0 & 0 & 0 \end{pmatrix}$$

und für $x_1 = (1, -1, -1)$ ergibt sich

$$(\text{grad } f)(1,-1,-1) = \begin{pmatrix} 3 \\ 2 \\ 2 \end{pmatrix} \text{ sowie } H(1,-1,-1) = \begin{pmatrix} 6 & 0 & 0 \\ 0 & -2 & -2 \\ 0 & -2 & 0 \end{pmatrix}.$$

(2) Bei der Funktion $f(x_1, \ldots, x_n) = \sum_{i=1}^{n} a_i x_i^2$ ist wegen $f_{x_i}(x) = 2a_ix_i$ und

$f_{x_ix_i}(x) = 2a_i$ für $i = 1, \ldots, n$ sowie $f_{x_ix_j}(x) = 0$ für $i \neq j$:

$$(\text{grad } f)(x) = \begin{pmatrix} 2a_1x_1 \\ 2a_2x_2 \\ \vdots \\ 2a_nx_n \end{pmatrix} \text{ und } H(x) = \begin{pmatrix} 2a_1 & & & 0 \\ & 2a_2 & & \\ & & \ddots & \\ 0 & & & 2a_n \end{pmatrix}.$$

(3) In der Statistik benötigt man häufig die Funktion

$$f(\theta, x) = \binom{N}{x} \theta^x (1-\theta)^{N-x} \quad \text{für } x = 0, 1, \ldots, N \text{ und } 0 < \theta < 1$$

(Binomialverteilung).

Als partielle Ableitungen bezüglich θ erhält man hierbei:

$$\frac{\partial f}{\partial \theta} = \binom{N}{x} [x\theta^{x-1}(1-\theta)^{N-x} + (N-x)\theta^x(1-\theta)^{N-x-1}(-1)] =$$

$$= \binom{N}{x}\theta^x(1-\theta)^{N-x}\left[\frac{x}{\theta} - \frac{(N-x)}{1-\theta}\right] = f(\theta, x)\left[\frac{x-N\theta}{\theta(1-\theta)}\right] \text{ und}$$

$$\frac{\partial^2 f}{\partial \theta^2} = \frac{\partial f}{\partial \theta}\left[\frac{x-N\theta}{\theta(1-\theta)}\right] + f(\theta, x)\left[\frac{-N\theta(1-\theta)-(x-N\theta)(1-2\theta)}{\theta^2(1-\theta)^2}\right] =$$

$$= f(\theta, x)\frac{(x-N\theta)^2}{\theta^2(1-\theta)^2} + f(\theta, x)\left[\frac{2\theta x - N\theta^2 - x}{\theta^2(1-\theta)^2}\right] =$$

$$= \frac{f(\theta, x)}{\theta^2(1-\theta)^2}[(x-N\theta)^2 + 2\theta x - N\theta^2 - x].$$

Eine partielle Ableitung bezüglich x existiert jedoch nicht, da die Variable x nur die ganzzahligen Werte 0, 1, ..., N annimmt.

In den oben angegebenen Beispielen (1) und (2) stimmen jeweils die gemischten partiellen Ableitungen $f_{x_i x_j}$ und $f_{x_j x_i}$ überein. Es ist also hierbei gleichgültig, ob zunächst nach x_i oder nach x_j differenziert wird. Die Hessesche Matrix wird dann in diesen Fällen symmetrisch.

Als Bedingung, unter der man eine solche Vertauschung in der Reihenfolge der Differentiation vornehmen darf, halten wir fest:

(30.3) Satz

Sind für eine Funktion $f(x_1, \ldots, x_n)$ die partiellen Ableitungen $f_{x_i x_j}$ und $f_{x_j x_i}$ stetig, so gilt:

$$f_{x_i x_j} = f_{x_j x_i} \quad (i, j = 1, \ldots, n).$$

Man kann diese Aussage auch verallgemeinern auf partielle Ableitungen höherer Ordnung.

Es ist hierbei üblich, für mehrfache partielle Ableitungen nach einer Variablen die in dem folgenden Beispiel angegebene Schreibweise zu benützen:

$$\frac{\partial^6 f}{\partial x_3 \partial x_1 \partial x_3 \partial x_2 \partial x_1 \partial x_3} = \frac{\partial^6 f}{\underbrace{\partial x_1 \partial x_1}_{\text{2-mal}} \partial x_2 \underbrace{\partial x_3 \partial x_3 \partial x_3}_{\text{3-mal}}} = \frac{\partial^6 f}{\partial x_1^2 \partial x_2 \partial x_3^3}.$$

Auf ähnliche Weise wie die Ableitungen von Funktionen einer Variablen werden auch die partiellen Ableitungen bei der Untersuchung von funktionalen ökonomischen Zusammenhängen benützt. So kann man beispielsweise gemäß den in § 17 angegebenen Bedingungen mit Hilfe der partiellen Ableitung $\frac{\partial f}{\partial x_i}$ feststellen, ob eine Funktion $f(x_1, \ldots, x_n)$ in Bezug auf die Variable x_i monoton oder konvex bzw. konkav ist, wenn die übrigen Variablen konstant gehalten werden.

Man kann ferner auch den in § 16 eingeführten Elastizitätsbegriff auf Funktionen von mehreren Variablen übertragen. Die Elastizität, die die relative Änderung einer Funktion $y = f(x)$ beschreibt, haben wir dort definiert als das Verhältnis

$$\epsilon_f(x) = x \frac{f'(x)}{f(x)}.$$

Bei einer Funktion $f(x) = f(x_1, \ldots, x_n)$ läßt sich stattdessen für jede der Variablen x_i eine solche relative Änderung von f bestimmen, wenn man jeweils die übrigen Variablen konstant hält. Wir führen deshalb die sogenannten *partiellen Elastizitäten* von f bezüglich x_i ein, die definiert sind gemäß

$$\epsilon_{f,x_i}(x) = x_i \frac{f_{x_i}(x)}{f(x)} \qquad (i = 1, \ldots, n).$$

Die partielle Elastizität $\epsilon_{f,x_i}(x)$ gibt näherungsweise an, um wieviel Prozent sich die Funktion f ändert, wenn man die Variable x_i um 1 % erhöht (vermindert) und die anderen Variablen konstant hält.

Beispiele

(1) Bei den Nachfragefunktionen

$$x_1 = f_1(p_1, p_2) = a_1 - b_1 p_1 + c_1 p_2$$
$$x_2 = f_2(p_1, p_2) = a_2 + b_2 p_1 - c_2 p_2$$

ergeben sich wegen $\frac{\partial f_1}{\partial p_1}(p) = -b_1$ und $\frac{\partial f_2}{\partial p_2}(p) = -c_2$ die partiellen Elastizitäten

$$\epsilon_{f_1,p_1}(p) = -b_1 \frac{p_1}{x_1} \quad \text{und} \quad \epsilon_{f_2,p_2}(p) = -c_2 \frac{p_2}{x_2}.$$

(2) Bei den Nachfragefunktionen

$$x_1 = f_1(p_1, p_2) = p_1^{-a} e^{\alpha p_2}$$
$$x_2 = f_2(p_1, p_2) = p_2^{-b} e^{\beta p_1}$$

sind $\frac{\partial f_1}{\partial p_1}(p) = -a p_1^{-a-1} e^{\alpha p_2}$ und $\frac{\partial f_2}{\partial p_2}(p) = -b p_2^{-b-1} e^{\beta p_1}$.

Wir erhalten deshalb:

$$\epsilon_{f_1,p_1}(p) = \frac{-a p_1^{-a-1} e^{\alpha p_2} p_1}{p_1^{-a} e^{\alpha p_2}} = -a \text{ sowie}$$

$$\epsilon_{f_2,p_2}(p) = \frac{-b p_2^{-b-1} e^{\beta p_1} p_2}{p_2^{-b} e^{\beta p_1}} = -b.$$

Homogene Funktionen von n Variablen, also Funktionen, die für alle Argumente $x = (x_1, \ldots, x_n)$ und alle $\lambda \in \mathbb{R}$ die Gleichung

$$f(\lambda x) = \lambda^r f(x) \quad (r \in \mathbb{R})$$

erfüllen, haben die folgenden Eigenschaften:

(30.4) Satz

Sei $f: D \to \mathbb{R}$ mit $D \subset \mathbb{R}^n$ eine homogene Funktion vom Grad r. Ist dann f in D partiell differenzierbar nach allen Variablen, so gilt:

(a) Die partiellen Ableitungen $\frac{\partial f}{\partial x_i}(x)$ sind homogene Funktionen vom Grad $r-1$.

(b) Es ist die Eulersche Homogenitätsrelation

$$x_1 \frac{\partial f}{\partial x_1}(x) + \ldots + x_n \frac{\partial f}{\partial x_n}(x) = r \cdot f(x)$$

erfüllt.

(c) Die Summe der partiellen Elastizitäten ergibt den Homogenitätsgrad r:

$$\epsilon_{f,x_1}(x) + \ldots + \epsilon_{f,x_n}(x) = r.$$

Beispiel

Die Produktionsfunktion

$$x = f(v_1, v_2) = a v_1^{\alpha} v_2^{\beta}$$

ist homogen vom Grad $r = \alpha + \beta$.
Die partiellen Ableitungen

$$\frac{\partial f}{\partial v_1}(v) = \alpha a v_1^{\alpha-1} v_2^{\beta} \quad \text{und} \quad \frac{\partial f}{\partial v_2}(v) = \beta a v_1^{\alpha} v_2^{\beta-1}$$

bezeichnet man als die partiellen Grenzproduktivitäten für die Produktionsfaktoren F_1 bzw. F_2. Als partielle Elastizitäten erhalten wir die Konstanten

$$\epsilon_{f,v_1}(v) = \frac{\alpha a v_1^{\alpha-1} v_2^{\beta} v_1}{a v_1^{\alpha} v_2^{\beta}} = \alpha \quad \text{und}$$

$$\epsilon_{f,v_2}(v) = \frac{\beta a v_1^{\alpha} v_2^{\beta-1} v_2}{a v_1^{\alpha} v_2^{\beta}} = \beta.$$

Die Summe $\epsilon_{f,v_1} + \epsilon_{f,v_2} = \alpha + \beta = r$ stimmt also mit dem Homogenitätsgrad überein.

§ 31 Das totale Differential

Wird bei einer Funktion $y = f(x)$ von einer Variablen die unabhängige Variable von x_0 auf $x_0 + \Delta x$ erhöht bzw. vermindert, so erhält man den dadurch hervorgerufenen Funktionszuwachs $\Delta y = f(x_0 + \Delta x) - f(x_0)$ näherungsweise aus der Formel

$$\Delta y \approx f'(x_0)\, \Delta x.$$

Wir sind darauf ausführlich in § 13 eingegangen. Häufig verwendet man hierbei statt Δx die Bezeichnung dx und setzt $dy = f'(x_0)\, dx$. In dieser Schreibweise gilt dann:

$$\Delta y \approx dy = f'(x_0)\, dx \qquad \text{(Bild 4-26)}.$$

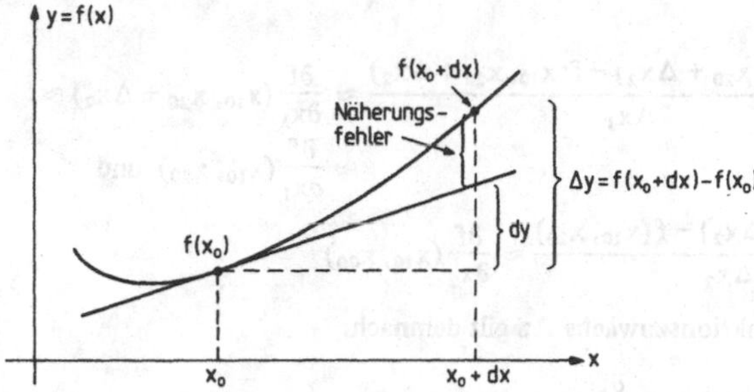

Bild 4-26

In einer genügend kleinen Umgebung von x_0, d. h. für kleine Zuwächse dx, wird also die Funktion f durch ihre Tangente im Punkt x_0 ersetzt.

Eine ähnliche Näherungsformel läßt sich auch für Funktionen von mehreren Variablen herleiten, wenn nur jeweils *eine* einzige unabhängige Variable verändert werden darf. Erhöht man bei der Funktion $z = f(x_1, \ldots, x_n)$ im Punkt $x_0 = (x_{10}, \ldots, x_{n0})$ die i-te Variable von x_{i0} auf $x_{i0} + \Delta x_i$ und hält dabei die übrigen Variablen konstant, so ergibt sich der Funktionszuwachs

$$\Delta z = f(x_{10}, \ldots, x_{i0} + \Delta x_i, \ldots, x_{n0}) - f(x_{10}, \ldots, x_{i0}, \ldots, x_{n0})$$

für kleine Werte Δx_i gemäß

$$\Delta z \approx \frac{\partial f}{\partial x_i}(x_0) \cdot \Delta x_i.$$

Man setzt auch hier wieder dx_i für Δx_i und nennt $dz = \frac{\partial f}{\partial x_i}(x_0)\, dx_i$ das *partielle Differential* von f bezüglich x_i an der Stelle x_0.

Wir wollen nun den wichtigen Fall untersuchen, daß mehrere Variable gleichzeitig verändert werden können. Der Einfachheit wegen beschränken wir uns dabei zunächst auf Funktionen $z = f(x_1, x_2)$ von zwei Variablen. Werden hierbei die unabhängigen Variablen von x_{10} auf $x_{10} + \Delta x_1$ und x_{20} auf $x_{20} + \Delta x_2$ erhöht (vermindert), so kann man den dadurch entstehenden Funktionszuwachs Δz auf folgende Weise umformen:

$$\begin{aligned}\Delta z &= f(x_{10}+\Delta x_1, x_{20}+\Delta x_2) - f(x_{10}, x_{20}) = \\ &= f(x_{10}+\Delta x_1, x_{20}+\Delta x_2) - f(x_{10}, x_{20}+\Delta x_2) + f(x_{10}, x_{20}+\Delta x_2) - \\ &\qquad - f(x_{10}, x_{20}) = \\ &= \frac{f(x_{10}+\Delta x_1, x_{20}+\Delta x_2) - f(x_{10}, x_{20}+\Delta x_2)}{\Delta x_1}\cdot \Delta x_1 + \\ &\quad + \frac{f(x_{10}, x_{20}+\Delta x_2) - f(x_{10}, x_{20})}{\Delta x_2}\cdot \Delta x_2 .\end{aligned}$$

Wie man nun zeigen kann, sind für jeweils kleine Werte von Δx_1 bzw. Δx_2 die Näherungen

$$\begin{aligned}\frac{f(x_{10}+\Delta x_1, x_{20}+\Delta x_2) - f(x_{10}, x_{20}+\Delta x_2)}{\Delta x_1} &\approx \frac{\partial f}{\partial x_1}(x_{10}, x_{20}+\Delta x_2) \approx \\ &\approx \frac{\partial f}{\partial x_1}(x_{10}, x_{20}) \quad \text{und}\end{aligned}$$

$$\frac{f(x_{10}, x_{20}+\Delta x_2) - f(x_{10}, x_{20})}{\Delta x_2} \approx \frac{\partial f}{\partial x_2}(x_{10}, x_{20})$$

erfüllt. Für den Funktionszuwachs Δz gilt demnach:

$$\Delta z \approx \frac{\partial f}{\partial x_1}(x_0)\cdot \Delta x_1 + \frac{\partial f}{\partial x_2}(x_0)\cdot \Delta x_2 .$$

Man verwendet nun üblicherweise für die Zuwächse Δx_1 bzw. Δx_2 wieder die Bezeichnungen dx_1 bzw. dx_2 und nennt den Ausdruck

$$dz = \frac{\partial f}{\partial x_1}(x_0)\, dx_1 + \frac{\partial f}{\partial x_2}(x_0)\, dx_2$$

das *totale Differential* von f in x_0. Das totale Differential ist also die Summe der partiellen Differentiale für die beiden Variablen x_1 und x_2.
Für kleine Werte von dx_1 und dx_2 stellt dz eine gute Näherung für den Funktionszuwachs Δz dar:

$$\Delta z \approx dz = \frac{\partial f}{\partial x_1}(x_0)\, dx_1 + \frac{\partial f}{\partial x_2}(x_0)\, dx_2 .$$

Man kann deswegen in einer genügend kleinen Umgebung von x_0 die Funktion f durch die Tangentialebene an f im Punkt x_0, d. h. also durch eine lineare Funktion, ersetzen.
Ähnlich wie bei Funktionen von zwei Variablen wird auch bei einer Funktion $z = f(x_1, \ldots, x_n)$ das totale Differential dz als Summe der partiellen Differentiale für die Variablen $x_1, \ldots, x_n$ gebildet. Für den Funktionszuwachs

$$\Delta z = f(x_{10}+dx_1, \ldots, x_{n0}+dx_n) - f(x_{10}, \ldots, x_{n0})$$

gilt dann die Näherungsformel:

$$\Delta z \approx dz = \frac{\partial f}{\partial x_1}(x_0)\,dx_1 + \ldots + \frac{\partial f}{\partial x_n}(x_0)\,dx_n.$$

Unabhängig von der geometrischen Deutung des totalen Differentials setzen wir allgemein

(31.1) Definition

Sei $z = f(x_1, \ldots, x_n)$ eine Funktion mit stetigen partiellen Ableitungen $\frac{\partial f}{\partial x_1}, \ldots, \frac{\partial f}{\partial x_n}$. Dann heißt die Funktion

$$dz = df(x)(dx_1, \ldots, dx_n) =$$
$$= \frac{\partial f}{\partial x_1}(x)\,dx_1 + \ldots + \frac{\partial f}{\partial x_n}(x)\,dx_n = \sum_{i=1}^{n} \frac{\partial f}{\partial x_i}(x)\,dx_i$$

das totale Differential von f an der Stelle **x**.

Bemerkung: Das totale Differential

$$dz = df(x)(dx_1, \ldots, dx_n) = \sum_{i=1}^{n} \frac{\partial f}{\partial x_i}(x)\,dx_i$$

stellt eine Funktion der Variablen $x_1, \ldots, x_n; dx_1, \ldots, dx_n$ dar. Wie man leicht sieht, ist dz bei festem Wert von **x** linear bezüglich der Zuwächse $dx_1, \ldots, dx_n$.

Beispiele

(1) $z = f(x_1, x_2) = \ln(x_1^2 + x_2^2)$

Wegen $\frac{\partial f}{\partial x_1}(x) = \frac{2x_1}{x_1^2 + x_2^2}$ und $\frac{\partial f}{\partial x_2}(x) = \frac{2x_2}{x_1^2 + x_2^2}$

ergibt sich als totales Differential

$$dz = \frac{2x_1}{x_1^2 + x_2^2}\,dx_1 + \frac{2x_2}{x_1^2 + x_2^2}\,dx_2 = \frac{2}{x_1^2 + x_2^2}(x_1\,dx_1 + x_2\,dx_2).$$

Werden im Punkt $x_0 = (2, 1)$ die Erhöhungen $dx_1 = \frac{1}{2}$ und $dx_2 = \frac{3}{4}$ vorgenommen, so erhalten wir dann:

$$dz = \frac{2}{4+1}\left(2 \cdot \frac{1}{2} + 1 \cdot \frac{3}{4}\right) = \frac{2}{5} \cdot \frac{7}{4} = \frac{7}{10} = 0{,}7 \text{ und}$$

$$\Delta z = f\left(2 + \frac{1}{2}, 1 + \frac{3}{4}\right) - f(2, 1) = f\left(\frac{5}{2}, \frac{7}{4}\right) - f(2, 1) =$$
$$= \ln(9{,}31) - \ln(5) = 2{,}23 - 1{,}61 = 0{,}62.$$

dz stellt hierbei eine relativ gute Näherung für die tatsächliche Funktionsdifferenz Δz dar.

Bei einer Verminderung von $dx_1 = -1$ und $dx_2 = -\frac{1}{2}$ im Punkt $x_0 = (2, 1)$ ergibt sich dagegen:

$$dz = \frac{2}{4+1}\left(2\cdot(-1) + 1\cdot\left(-\frac{1}{2}\right)\right) = \frac{2}{5}\cdot\left(-\frac{5}{2}\right) = -1 \text{ und}$$

$$\Delta z = f\left(2-1, 1-\frac{1}{2}\right) - f(2,1) = f\left(1, \frac{1}{2}\right) - f(2,1) =$$
$$= \ln(1{,}25) - \ln(5) = 0{,}22 - 1{,}61 = -1{,}39,$$

also eine schlechtere Näherung.

(2) $f(x_1, x_2) = x_1^\alpha x_2^\beta$.

Hierbei ist $\frac{\partial f}{\partial x_1}(x) = \alpha x_1^{\alpha-1} x_2^\beta$ und $\frac{\partial f}{\partial x_2}(x) = \beta x_1^\alpha x_2^{\beta-1}$.

Das totale Differential hat deshalb die Form:

$$dz = \alpha x_1^{\alpha-1} x_2^\beta \, dx_1 + \beta x_1^\alpha x_2^{\beta-1} \, dx_2 =$$
$$= x_1^\alpha x_2^\beta \left(\frac{\alpha}{x_1} dx_1 + \frac{\beta}{x_2} dx_2\right) = f(x_1, x_2)\left(\frac{\alpha}{x_1} dx_1 + \frac{\beta}{x_2} dx_2\right).$$

(3) $z = f(x_1, \ldots, x_n) = \exp\left(\sum_{i=1}^n x_i^2\right) = e^{\sum_{i=1}^n x_i^2}$.

Wegen $\frac{\partial f}{\partial x_j}(x) = 2x_j \exp\left(\sum_{i=1}^n x_i^2\right)$ für $j = 1, \ldots, n$ gilt dann:

$$dz = 2x_1 \exp\left(\sum_{i=1}^n x_i^2\right) dx_1 + \ldots + 2x_n \exp\left(\sum_{i=1}^n x_i^2\right) dx_n =$$
$$= 2\exp\left(\sum_{i=1}^n x_i^2\right)(x_1 dx_1 + \ldots + x_n dx_n).$$

Mit Hilfe des totalen Differentials kann man auch eine Regel für die Ableitung von zusammengesetzten Funktionen mehrerer Variabler herleiten, also die in (14.6) beschriebene Kettenregel verallgemeinern. Wir beschränken uns zunächst wieder auf Funktionen von zwei Variablen und unterscheiden dabei zwei Fälle:

(a) Sind bei einer Funktion $z = f(x_1, x_2)$ die beiden Variablen x_1, x_2 selbst wieder Funktionen $x_1 = x_1(t)$ und $x_2 = x_2(t)$ einer unabhängigen Variablen t, so ergibt sich die zusammengesetzte Funktion

$$z = h(t) = f(x_1(t), x_2(t)).$$

Die Ableitung dieser Funktion erhält man dann, wenn man das totale Differential

$$dz = \frac{\partial f}{\partial x_1} dx_1 + \frac{\partial f}{\partial x_2} dx_2$$

durch dt dividiert und die Verhältnisse $\frac{dz}{dt}$, $\frac{dx_1}{dt}$ bzw. $\frac{dx_2}{dt}$ jeweils als Ableitungen h', x_1' und x_2' auffaßt:

$$\frac{dz}{dt} = \frac{\partial f}{\partial x_1} \frac{dx_1}{dt} + \frac{\partial f}{\partial x_2} \frac{dx_2}{dt}.$$

(b) Bei einer Funktion $z = f(x_1, x_2)$ erhält man durch Einsetzen von $x_1 = x_1(u_1, u_2)$ und $x_2 = x_2(u_1, u_2)$ die Funktion

$$z = h(u_1, u_2) = f(x_1(u_1, u_2), x_2(u_1, u_2))$$

von den beiden Variablen u_1 und u_2. Die partiellen Ableitungen $\frac{\partial h}{\partial u_1}$ und $\frac{\partial h}{\partial u_2}$ ermittelt man nun aus den totalen Differentialen dieser drei Funktionen:

$$dz = \frac{\partial f}{\partial x_1} dx_1 + \frac{\partial f}{\partial x_2} dx_2 \qquad (*)$$

$$dx_1 = \frac{\partial x_1}{\partial u_1} du_1 + \frac{\partial x_1}{\partial u_2} du_2$$

$$dx_2 = \frac{\partial x_2}{\partial u_1} du_1 + \frac{\partial x_2}{\partial u_2} du_2.$$

Setzt man nämlich dx_1 und dx_2 in (*) ein, so ergibt sich durch Umformung:

$$dz = \frac{\partial f}{\partial x_1}\left(\frac{\partial x_1}{\partial u_1} du_1 + \frac{\partial x_1}{\partial u_2} du_2\right) + \frac{\partial f}{\partial x_2}\left(\frac{\partial x_2}{\partial u_1} du_1 + \frac{\partial x_2}{\partial u_2} du_2\right) =$$

$$= \left(\frac{\partial f}{\partial x_1}\frac{\partial x_1}{\partial u_1} + \frac{\partial f}{\partial x_2}\frac{\partial x_2}{\partial u_1}\right) du_1 + \left(\frac{\partial f}{\partial x_1}\frac{\partial x_1}{\partial u_2} + \frac{\partial f}{\partial x_2}\frac{\partial x_2}{\partial u_2}\right) du_2.$$

Wegen $dz = \frac{\partial h}{\partial u_1} du_1 + \frac{\partial h}{\partial u_2} du_2$ gilt dann:

$$\frac{\partial h}{\partial u_1} = \frac{\partial f}{\partial x_1}\frac{\partial x_1}{\partial u_1} + \frac{\partial f}{\partial x_2}\frac{\partial x_2}{\partial u_1} \qquad \text{und}$$

$$\frac{\partial h}{\partial u_2} = \frac{\partial f}{\partial x_1}\frac{\partial x_1}{\partial u_2} + \frac{\partial f}{\partial x_2}\frac{\partial x_2}{\partial u_2}.$$

Man kann sich diese Regel leicht einprägen, wenn man das totale Differential

$$dz = \frac{\partial f}{\partial x_1} dx_1 + \frac{\partial f}{\partial x_2} dx_2$$

durch du_i $(i = 1, 2)$ dividiert und die Verhältnisse $\frac{dz}{du_i}$, $\frac{dx_1}{du_i}$, $\frac{dx_2}{du_i}$ als partielle Ableitungen $\frac{\partial h}{\partial u_i}$, $\frac{\partial x_1}{\partial u_i}$, $\frac{\partial x_2}{\partial u_i}$ auffaßt.

Allgemein ergibt sich für eine Funktion von mehreren Variablen der folgende

(31.2) Satz

Sei $z = f(x_1, \ldots, x_n)$ eine Funktion mit stetigen partiellen Ableitungen $\frac{\partial f}{\partial x_1}, \ldots, \frac{\partial f}{\partial x_n}$. Sind dann die Funktionen

(a) $x_1(t), \ldots, x_n(t)$ differenzierbar nach t und existiert die Funktion

$$z = h(t) = f(x_1(t), \ldots, x_n(t)),$$

so gilt für die Ableitung dieser Funktion die Formel

$$\frac{dz}{dt} = \frac{\partial f}{\partial x_1}\frac{dx_1}{dt} + \ldots + \frac{\partial f}{\partial x_n}\frac{dx_n}{dt} = \sum_{i=1}^{n} \frac{\partial f}{\partial x_i}\frac{dx_i}{dt};$$

(b) $x_1(u_1, \ldots, u_m), \ldots, x_n(u_1, \ldots, u_m)$ partiell differenzierbar nach $u_1, \ldots, u_m$ und existiert die Funktion

$$z = h(u_1, \ldots, u_m) = h(\mathbf{u}) = f(x_1(\mathbf{u}), \ldots, x_n(\mathbf{u})),$$

so gilt für die partiellen Ableitungen dieser Funktion die Formel

$$\frac{\partial z}{\partial u_i} = \frac{\partial f}{\partial x_1}\frac{\partial x_1}{\partial u_i} + \ldots + \frac{\partial f}{\partial x_n}\frac{\partial x_n}{\partial u_i} = \sum_{j=1}^{n} \frac{\partial f}{\partial x_j}\frac{\partial x_j}{\partial u_i} \qquad (i = 1, \ldots, m).$$

Bemerkung: Wir haben hier die Regel für die Ableitung von zusammengesetzten Funktionen vereinfachend nur in Kurzform, also ohne Angabe der Argumente, dargestellt. Es ist natürlich klar, daß man in die partiellen Ableitungen $\frac{\partial f}{\partial x_i}(\mathbf{x})$ jeweils für x_j die Funktionen $x_j(t)$ bzw. $x_j(\mathbf{u})$ $(j = 1, \ldots, n)$ einsetzen muß.

Beispiele

(1) Bei der Funktion $z = h(t) = f(x_1(t), x_2(t))$ mit

$$f(x_1, x_2) = x_1^2 x_2^{1/2}, \quad x_1 = x_1(t) = a + bt^2, \quad x_2 = x_2(t) = ce^t$$

ergeben sich die Ableitungen

$$\frac{\partial f}{\partial x_1} = 2x_1 x_2^{1/2} = 2x_1\sqrt{x_2}, \quad \frac{\partial f}{\partial x_2} = \frac{1}{2}x_1^2 x_2^{-1/2} = \frac{x_1^2}{2\sqrt{x_2}},$$

$$\frac{dx_1}{dt} = 2bt, \quad \frac{dx_2}{dt} = ce^t.$$

Gemäß der Formel

$$\frac{dz}{dt} = \frac{\partial f}{\partial x_1}\frac{dx_1}{dt} + \frac{\partial f}{\partial x_2}\frac{dx_2}{dt}$$

gilt dann:

$$\frac{dz}{dt} = 2x_1\sqrt{x_2}\,2bt + \frac{x_1^2}{2\sqrt{x_2}}\,ce^t.$$

Durch Einsetzen von $x_1(t)$ und $x_2(t)$ erhalten wir schließlich:

$$h'(t) = 4bt(a+bt^2)\sqrt{ce^t} + \frac{(a+bt^2)^2}{2\sqrt{ce^t}}\,ce^t =$$

$$= (a+bt^2)\sqrt{ce^t}\left(4bt + \frac{(a+bt^2)}{2}\right).$$

(2) Für die Funktion

$$z = h(u_1, u_2) = f(x_1(u_1, u_2), x_2(u_1, u_2), x_3(u_1, u_2)) \text{ mit}$$

$$z = f(x_1, x_2, x_3) = x_1 \ln\frac{1}{x_3^2} - x_2,$$

$$x_1 = x_1(u_1, u_2) = u_1 u_2^2,$$

$$x_2 = x_2(u_1, u_2) = 2^{u_1} = e^{u_1 \ln 2},$$

$$x_3 = x_3(u_1, u_2) = (u_1 - u_2)^2,$$

ergeben sich die partiellen Ableitungen:

$$\frac{\partial f}{\partial x_1} = \ln\frac{1}{x_3^2}, \quad \frac{\partial f}{\partial x_2} = -1, \quad \frac{\partial f}{\partial x_3} = -2\,\frac{x_1}{x_3},$$

$$\frac{\partial x_1}{\partial u_1} = u_2^2, \quad \frac{\partial x_1}{\partial u_2} = 2u_1u_2,$$

$$\frac{\partial x_2}{\partial u_1} = \ln 2\, e^{u_1 \ln 2} = \ln 2 \cdot 2^{u_1}, \quad \frac{\partial x_2}{\partial u_2} = 0,$$

$$\frac{\partial x_3}{\partial u_1} = 2(u_1 - u_2), \quad \frac{\partial x_3}{\partial u_2} = -2(u_1 - u_2).$$

Nach der Formel

$$\frac{\partial z}{\partial u_i} = \frac{\partial f}{\partial x_1}\frac{\partial x_1}{\partial u_i} + \frac{\partial f}{\partial x_2}\frac{\partial x_2}{\partial u_i} + \frac{\partial f}{\partial x_3}\frac{\partial x_3}{\partial u_i} \qquad (i = 1, 2)$$

erhält man dann:

$$\frac{\partial z}{\partial u_1} = \left(\ln\frac{1}{x_3^2}\right)u_2^2 - \ln 2\cdot 2^{u_1} - 2\,\frac{x_1}{x_3}\,2(u_1 - u_2),$$

$$\frac{\partial z}{\partial u_2} = \left(\ln\frac{1}{x_3^2}\right)2u_1u_2 - 1\cdot 0 - 2\,\frac{x_1}{x_3}(-2)(u_1 - u_2).$$

Setzt man wieder $x_1(u)$, $x_2(u)$ und $x_3(u)$ ein, so gilt:

$$\frac{\partial z}{\partial u_1} = u_2^2 \ln \frac{1}{(u_1 - u_2)^4} - \ln 2 \cdot 2^{u_1} - 4 \frac{u_1 u_2^2}{u_1 - u_2},$$

$$\frac{\partial z}{\partial u_2} = 2u_1 u_2 \ln \frac{1}{(u_1 - u_2)^4} + 4 \frac{u_1 u_2^2}{u_1 - u_2}.$$

Bei vielen wirtschaftstheoretischen Untersuchungen ist man gezwungen, die Ableitung von Funktionen der Form

$$f(x, y) = 0$$

zu bestimmen. Eine auf diese Weise definierte Funktion bezeichnet man als *implizit*, da hier im Gegensatz zu den expliziten Funktionen die Funktionsgleichung nicht nach einer der Variablen aufgelöst ist. Vielfach ist eine solche Auflösung auch gar nicht möglich.
Eine implizite Funktion $f(x, y) = 0$ kann man auffassen als die Gleichung einer Höhenlinie der Funktion $z = f(x, y)$ beim Niveau $z_0 = 0$.
Auf dieser Höhenlinie liegen dann alle Punkte $(x, y) \in \mathbb{R}^2$, für die die Funktion $f(x, y)$ den Wert Null annimmt (Bild 4-27).

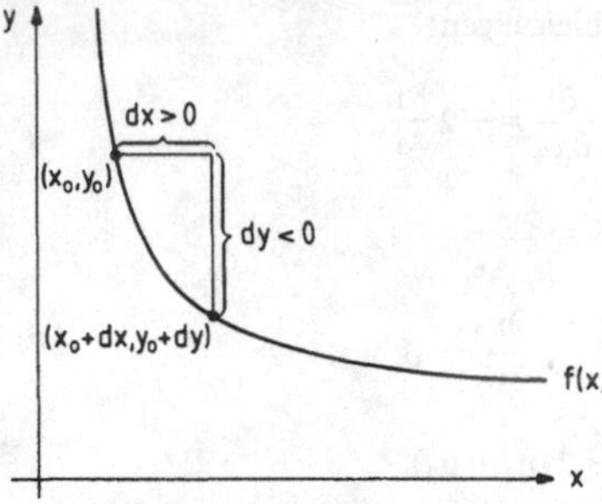

Bild 4-27

Setzt man nun die Stetigkeit von f, $\frac{\partial f}{\partial x}$ und $\frac{\partial f}{\partial y}$ voraus, so ergibt sich aus dem totalen Differential von f die Beziehung

$$dz = 0 = \frac{\partial f}{\partial x} dx + \frac{\partial f}{\partial y} dy . \qquad (*)$$

Für den Funktionszuwachs gilt hierbei $dz = 0$, da wir uns ja nur auf einer Bildkurve bewegen, für die die Funktion $z = f(x, y)$ jeweils konstant ist.
Aus der Gleichung (*) erhalten wir nun sofort die beiden Ableitungen:

$$\frac{dy}{dx} = -\frac{\frac{\partial f}{\partial x}}{\frac{\partial f}{\partial y}} \quad \text{und} \quad \frac{dx}{dy} = -\frac{\frac{\partial f}{\partial y}}{\frac{\partial f}{\partial x}}.$$

$\frac{dy}{dx}$ bzw. $\frac{dx}{dy}$ beschreiben die Steigung von nicht notwendigerweise eindeutigen Funktionen $y(x)$ bzw. $x(y)$.

Beispiele

(1) $f(x,y) = \frac{y}{x^2} - 1 = yx^{-2} - 1 = 0.$

Wegen $\frac{\partial f}{\partial x} = -2yx^{-3}$ und $\frac{\partial f}{\partial y} = x^{-2}$ gilt:

$$\frac{dy}{dx} = -\frac{-2yx^{-3}}{x^{-2}} = 2\frac{y}{x} \quad \text{und} \quad \frac{dx}{dy} = -\frac{x^{-2}}{-2yx^{-3}} = \frac{1}{2}\frac{x}{y}.$$

(2) $f(x,y) = ax^2 + by^2 - cxy - d^2 = 0.$

Hierbei ist $\frac{\partial f}{\partial x} = 2ax - cy$ und $\frac{\partial f}{\partial y} = 2by - cx.$

Wir erhalten also:

$$\frac{dy}{dx} = -\frac{2ax - cy}{2by - cx}.$$

(3) $f(x,y) = xe^y - \ln(xy) = 0.$

Wegen $\frac{\partial f}{\partial x} = e^y - \frac{1}{x}$ und $\frac{\partial f}{\partial y} = xe^y - \frac{1}{y}$ ergibt sich:

$$\frac{dy}{dx} = -\frac{e^y - \frac{1}{x}}{xe^y - \frac{1}{y}} = -\frac{xe^y - 1}{xye^y - 1}\cdot\frac{y}{x}.$$

Es ist hierbei zu beachten, daß sowohl $\frac{dy}{dx}$ als auch $\frac{dx}{dy}$ jeweils Funktionen von x und y sind.
Ist $x = f(v_1, v_2)$ eine Produktionsfunktion, so läßt sich eine Isoquante zum Niveau x_0 als implizite Funktion der Form

$$x = f(v_1, v_2) - x_0 = 0$$

darstellen. Als Ableitung erhält man dann:

$$\frac{dv_2}{dv_1} = -\frac{\frac{\partial f}{\partial v_1}}{\frac{\partial f}{\partial v_2}} = -\frac{f_{v_1}}{f_{v_2}},$$

also das negative Verhältnis der Grenzproduktivitäten für die Faktoren F_1 und F_2.
Üblicherweise bezeichnet man $\frac{dv_2}{dv_1}$ als die *Grenzrate der Substitution* des Faktors F_2 in Bezug auf Faktor F_1.

Erhöht man nun die Einsatzmenge des Faktors F_1 um dv_1, so gibt die Gleichung

$$dv_2 = -\frac{f_{v_1}}{f_{v_2}}\, dv_1$$

näherungsweise an, um wieviel man dafür die Einsatzmenge von Faktor F_2 verringern kann. Ist dabei der Quotient $\left|\frac{dv_2}{dv_1}\right|$ der Zuwächse dv_1 und dv_2 monoton fallend in Richtung der v_1-Achse, so ist das „Gesetz der abnehmenden Grenzrate der Substitution" erfüllt. Man kann dann bei gleichbleibendem Zuwachs dv_1 einen immer kleiner werdenden Betrag dv_2 substituieren (ersetzen), je höher das Ausgangsniveau v_1 ist.

Beispiel

Bei der homogenen Produktionsfunktion

$$f(v_1, v_2) = v_1^\alpha v_2^\beta - x_0 = 0$$

erhält man wegen $\frac{\partial f}{\partial v_1} = \alpha v_1^{\alpha-1} v_2^\beta$ und $\frac{\partial f}{\partial v_2} = \beta v_1^\alpha v_2^{\beta-1}$ als Grenzrate der Substitution von Faktor F_2 in Bezug auf Faktor F_1 die Formel

$$\frac{dv_2}{dv_1} = -\frac{\alpha v_1^{\alpha-1} v_2^\beta}{\beta v_1^\alpha v_2^{\beta-1}} = -\frac{\alpha}{\beta} \cdot \frac{v_2}{v_1}.$$

Ist speziell $\alpha = \frac{1}{2}$ und $\beta = 1$, so hat beispielsweise an der Stelle $v_0 = (v_{10}, v_{20}) = (1, 3)$ die durch diesen Punkt verlaufende Isoquante $f(v_1, v_2) - 3 = \sqrt{v_1}\, v_2 - 3 = 0$ die Steigung:

$$\frac{dv_2}{dv_1}(1, 3) = -\frac{1}{2} \cdot \frac{3}{1} = -\frac{3}{2} \quad \text{(Bild 4-28).}$$

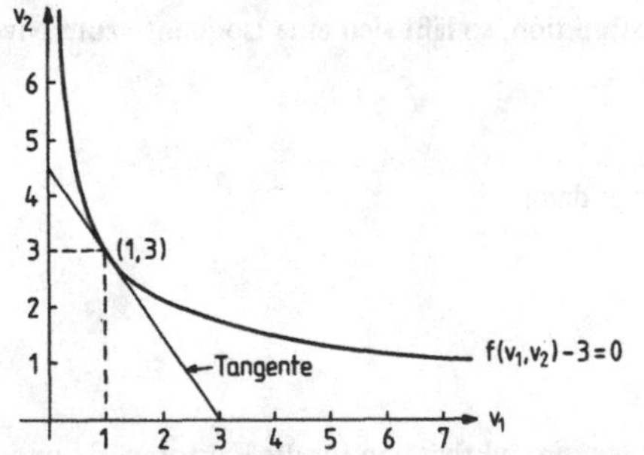

Bild 4-28

§ 32 Extrema ohne Nebenbedingungen

Bei vielen Problemen aus den Wirtschaftswissenschaften und der Statistik ist die Frage zu klären, wo eine Funktion von mehreren Variablen Extremwerte, also Maxima bzw. Minima, besitzt. Wir betrachten hier nur sogenannte lokale Extremwerte und geben an, wie diese unter gewissen Voraussetzungen mit Hilfe der Differentialrechnung ermittelt werden können.
Als einen solchen lokalen Extremwert bezeichnet man – wie bei den Funktionen von einer Variablen – einen Punkt x_0, in dem eine Funktion f größer oder kleiner ist als alle anderen Funktionswerte in einer Umgebung von x_0.

(32.1) Definition

Eine Funktion $f: D \to \mathbb{R}$ mit $D \subset \mathbb{R}^n$ besitzt an der Stelle $x_0 = (x_{10}, \ldots, x_{n0}) \in D$ ein *lokales Maximum* bzw. *Minimum*, wenn es eine hinreichend kleine Umgebung $U_\epsilon(x_0) = (x_0 - \epsilon, x_0 + \epsilon) \subset D$ gibt, so daß für alle $x \in U_\epsilon(x_0)$ gilt:

$$f(x) \leqslant f(x_0) \text{ bzw. } f(x) \geqslant f(x_0).$$

Hat eine Funktion $y = f(x)$ von einer Variablen im Punkt x_0 ein lokales Extremum, so verläuft dort die Tangente parallel zur x-Achse. Notwendig für die Existenz eines lokalen Extremwertes ist also die Bedingung:

$$f'(x_0) = 0.$$

Es ist nun leicht einzusehen, daß analog dazu eine Funktion $z = f(x_1, x_2)$ von zwei Variablen im Punkt $x_0 = (x_{10}, x_{20})$ eine waagrechte Tangentialebene besitzt, wenn dort ein lokales Maximum oder Minimum vorliegt (Bilder 4-29 und 4-30). An einer solchen Stelle nehmen deshalb die beiden partiellen Ableitungen den Wert Null an, es gilt also:

$$\frac{\partial f}{\partial x_1}(x_0) = \frac{\partial f}{\partial x_2}(x_0) = 0.$$

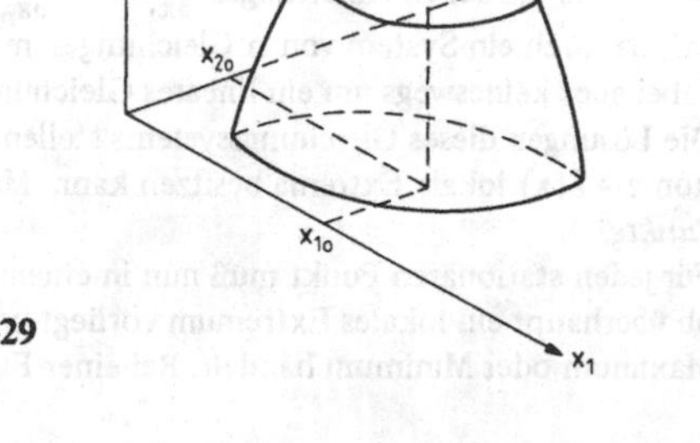

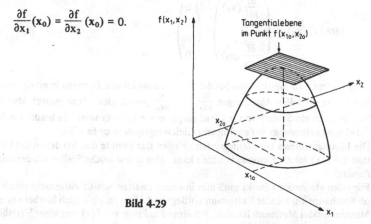

Bild 4-29

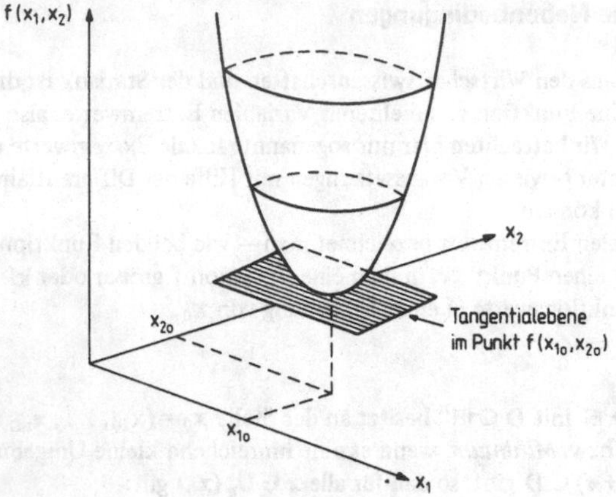

Bild 4-30

Für eine Funktion $z = f(x_1, \ldots, x_n)$ ergibt sich nun allgemein:

(32.2) Satz (Notwendige Bedingung)

Besitzt eine Funktion $z = f(x_1, \ldots, x_n)$ an der Stelle $\mathbf{x_0} = (x_{10}, \ldots, x_{n0})$ ein lokales Extremum, so gilt für die partiellen Ableitungen erster Ordnung:

$$\frac{\partial f}{\partial x_1}(\mathbf{x_0}) = \ldots = \frac{\partial f}{\partial x_n}(\mathbf{x_0}) = 0,$$

d. h. also:

$$(\text{grad } f)(\mathbf{x_0}) = \begin{pmatrix} \frac{\partial f}{\partial x_1}(\mathbf{x_0}) \\ \vdots \\ \frac{\partial f}{\partial x_n}(\mathbf{x_0}) \end{pmatrix} = \begin{pmatrix} 0 \\ \vdots \\ 0 \end{pmatrix}.$$

Nach diesem Satz werden also bei der Bestimmung lokaler Extrema in einem ersten Schritt die partiellen Ableitungen $\frac{\partial f}{\partial x_1}, \ldots, \frac{\partial f}{\partial x_n}$ jeweils gleich Null gesetzt. Man erhält dadurch ein System von n Gleichungen mit n Unbekannten. Es braucht sich dabei aber keineswegs um ein lineares Gleichungssystem zu handeln.
Die Lösungen dieses Gleichungssystems stellen nun Punkte dar, bei denen die Funktion $z = f(\mathbf{x})$ lokale Extrema besitzen kann. Man nennt solche Stellen wieder *stationär Punkte.*
Für jeden stationären Punkt muß nun in einem zweiten Schritt untersucht werden, ob überhaupt ein lokales Extremum vorliegt und wenn ja, ob es sich hierbei um ein Maximum oder Minimum handelt. Bei einer Funktion $y = f(x)$ von einer Variablen

kann man zu diesem Zweck die zweite Ableitung benützen. Die Funktion f besitzt nämlich an der Stelle x_0
ein lokales Maximum, falls $f''(x_0) < 0$ bzw.
ein lokales Minimum, falls $f''(x_0) > 0$.
Will man dagegen feststellen, ob bei der Funktion $z = f(x_1, x_2)$ an einer Stelle $\mathbf{x}_0 = (x_{10}, x_{20})$ ein lokales Extremum existiert, so benötigt man dazu die partiellen Ableitungen zweiter Ordnung. Ähnlich wie bei den Funktionen von einer Variablen prüft man nun nach, ob für den Punkt $\mathbf{x}_0$ jeweils die Bedingungen

$$\left.\begin{matrix} f_{x_1x_1}(\mathbf{x}_0) < 0 \\ f_{x_2x_2}(\mathbf{x}_0) < 0 \end{matrix}\right\} (*) \text{ bzw. } \left.\begin{matrix} f_{x_1x_1}(\mathbf{x}_0) > 0 \\ f_{x_2x_2}(\mathbf{x}_0) > 0 \end{matrix}\right\} (**)$$

erfüllt sind. Aufgrund dieses Ergebnisses *allein* kann man jedoch *noch nicht* entscheiden, ob ein Maximum bzw. ein Minimum vorliegt.
Betrachten wir dazu etwa die Funktion

$$z = f(x_1, x_2) = x_1^2 + 3x_1x_2 + 2x_2^2 = (x_1 + x_2)(x_1 + 2x_2).$$

Durch Nullsetzen der partiellen Ableitungen erster Ordnung erhalten wir das Gleichungssystem

$$\begin{aligned} f_{x_1} &= 2x_1 + 3x_2 = 0 \\ f_{x_2} &= 3x_1 + 4x_2 = 0, \end{aligned}$$

das nur die triviale Lösung $\mathbf{x}_0 = \begin{pmatrix} 0 \\ 0 \end{pmatrix}$ besitzt. Die partiellen Ableitungen

$$f_{x_1x_1} = 2 \quad \text{und} \quad f_{x_2x_2} = 4$$

sind beide positiv, so daß die Funktion f an der Stelle $\mathbf{x}_0$ das lokale Minimum

$$f(\mathbf{x}_0) = f(0, 0) = 0$$

besitzen müßte. Wie man aber leicht sieht, ist die Funktion $f(x_1, x_2) = (x_1 + x_2)(x_1 + 2x_2)$ jedoch negativ, falls einer der Faktoren größer und der andere kleiner als Null ist. Führt man nun eine Fallunterscheidung durch, so ergibt sich, daß die Funktion auf dem folgenden schraffierten Teil ihres Definitionsbereiches negativ und auf dem unschraffierten Teil positiv ist (Bild 4-31).
Die Funktion hat also im Punkt $\mathbf{x}_0 = \mathbf{o}$ kein Minimum, da sie in jeder Umgebung $U_\varepsilon(\mathbf{o})$ sowohl positive als auch negative Werte annimmt.
Um nun eine Aussage über die Existenz lokaler Extrema zu erhalten, ist deshalb eine weitere Bedingung erforderlich. Sowohl bei einem Maximum als auch bei einem Minimum muß zusätzlich zu (*) bzw. (**) für die gemischten partiellen Ableitungen gelten:

$$f_{x_1x_1}(\mathbf{x}_0)\, f_{x_2x_2}(\mathbf{x}_0) > [f_{x_1x_2}(\mathbf{x}_0)]^2.$$

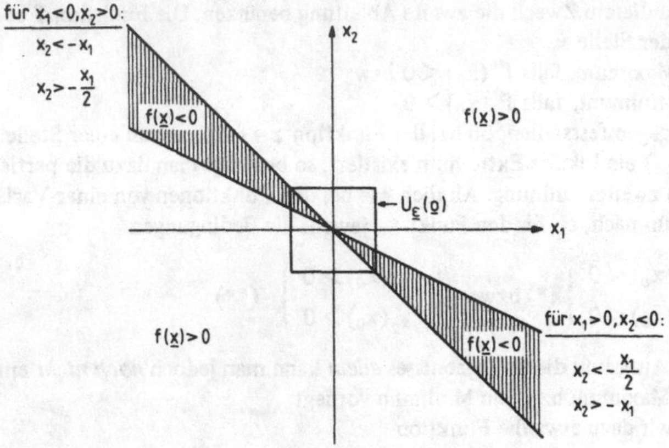

Bild 4-31

Zusammenfassend können wir festhalten

(32.3) Satz (Hinreichende Bedingung)

Sei $z = f(x_1, x_2)$ eine Funktion, für die an einer Stelle $\mathbf{x_0}$ gilt:

$$f_{x_1}(\mathbf{x_0}) = f_{x_2}(\mathbf{x_0}) = 0.$$

Dann besitzt f in $\mathbf{x_0}$ ein

(a) lokales Maximum, falls

$$f_{x_1 x_1}(\mathbf{x_0}) < 0, \quad f_{x_2 x_2}(\mathbf{x_0}) < 0 \quad \text{und}$$
$$f_{x_1 x_1}(\mathbf{x_0})\, f_{x_2 x_2}(\mathbf{x_0}) > [f_{x_1 x_2}(\mathbf{x_0})]^2;$$

(b) lokales Minimum, falls

$$f_{x_1 x_1}(\mathbf{x_0}) > 0, \quad f_{x_2 x_2}(\mathbf{x_0}) > 0 \quad \text{und}$$
$$f_{x_1 x_1}(\mathbf{x_0})\, f_{x_2 x_2}(\mathbf{x_0}) > [f_{x_1 x_2}(\mathbf{x_0})]^2.$$

Bemerkung

(1) Gilt für die Funktion f im Punkt $\mathbf{x_0}$ die Bedingung

$$f_{x_1}(\mathbf{x_0}) = f_{x_2}(\mathbf{x_0}) = 0 \quad \text{und}$$
$$f_{x_1 x_1}(\mathbf{x_0})\, f_{x_2 x_2}(\mathbf{x_0}) < [f_{x_1 x_2}(\mathbf{x_0})]^2,$$

so besitzt sie an dieser Stelle einen sogenannten Sattelpunkt. Ein solcher Sattelpunkt hat etwa eine Form gemäß Bild 4-32.

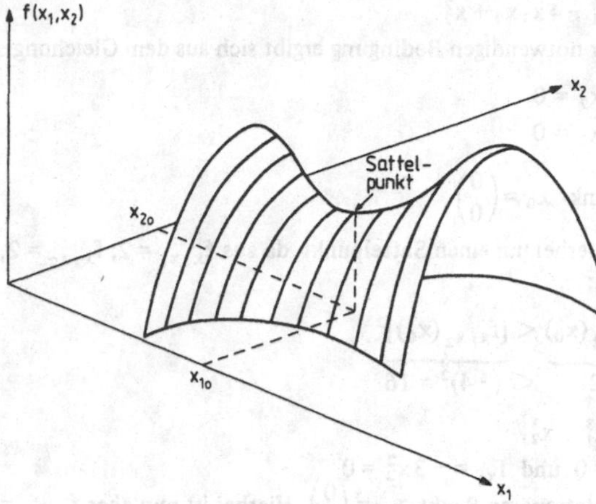

Bild 4-32

Die Funktion hat hierbei zwar in $x_0 = (x_{10}, x_{20})$ eine horizontale Tangentialebene, aber in Bezug auf den Vertikalschnitt $f(x_{10}, x_2)$ ein Maximum ($f_{x_2 x_2}(x_0) < 0$) und in Bezug auf den Vertikalschnitt $f(x_1, x_{20})$ ein Minimum ($f_{x_1 x_1}(x_0) > 0$).

(2) Ist dagegen im Punkt x_0

$$f_{x_1 x_1}(x_0)\, f_{x_2 x_2}(x_0) = [f_{x_1 x_2}(x_0)]^2,$$

so kann man mit Hilfe der hier angegebenen Kriterien keine Aussage über die Existenz eines Extremums machen.

Beispiele

(1) $z = f(x_1, x_2) = x_1^2 - x_1 x_2 + x_2^2$.

Setzt man die partiellen Ableitungen erster Ordnung gleich Null, so erhält man das linear homogene Gleichungssystem

$$f_{x_1} = 2x_1 - x_2 = 0$$
$$f_{x_2} = -x_1 + 2x_2 = 0,$$

als dessen Lösung sich der stationäre Punkt $x_0 = \begin{pmatrix}0\\0\end{pmatrix}$ ergibt.

Wegen $f_{x_1 x_1} = 2,\ f_{x_2 x_2} = 2,\ f_{x_1 x_2} = -1$ gilt dann:

$$f_{x_1 x_1}(x_0) = 2 > 0, \quad f_{x_2 x_2}(x_0) = 2 > 0 \quad \text{sowie}$$

$$\underbrace{f_{x_1 x_1}(x_0)}_{2} \cdot \underbrace{f_{x_2 x_2}(x_0)}_{2} > \underbrace{[f_{x_1 x_2}(x_0)]^2}_{(-1)^2 = 1}$$

f hat also in $x_0 = \begin{pmatrix}0\\0\end{pmatrix}$ ein Minimum.

(2) $z = f(x_1, x_2) = x_1^2 - 4x_1x_2 + x_2^2$.

Entsprechend der notwendigen Bedingung ergibt sich aus dem Gleichungssystem

$$f_{x_1} = 2x_1 - 4x_2 = 0$$
$$f_{x_2} = -4x_1 + 2x_2 = 0$$

der stationäre Punkt $x_0 = \begin{pmatrix} 0 \\ 0 \end{pmatrix}$.

Es handelt sich hierbei um einen Sattelpunkt, da aus $f_{x_1x_1} = 2$, $f_{x_2x_2} = 2$, $f_{x_1x_2} = -4$ folgt:

$$\underbrace{f_{x_1x_1}(x_0)}_{2} \cdot \underbrace{f_{x_2x_2}(x_0)}_{2} < \underbrace{[f_{x_1x_2}(x_0)]^2}_{(-4)^2 = 16}.$$

(3) $z = f(x_1, x_2) = x_1^3 - x_2^3$.

Aus $f_{x_1} = 3x_1^2 = 0$ und $f_{x_2} = -3x_2^2 = 0$ erhält man den stationären Punkt $x_0 = \begin{pmatrix} 0 \\ 0 \end{pmatrix}$. Hierbei ist nun aber $f_{x_1x_1} = 6x_1$, $f_{x_2x_2} = -6x_2$, $f_{x_1x_2} = 0$ und deshalb

$$\underbrace{f_{x_1x_1}(x_0)}_{0} \cdot \underbrace{f_{x_2x_2}(x_0)}_{0} = \underbrace{[f_{x_1x_2}(x_0)]^2}_{0}.$$

Es läßt sich also mit den uns hier zur Verfügung stehenden Kriterien keine Aussage darüber machen, ob ein Maximum bzw. Minimum oder überhaupt kein Extremum vorliegt.

Wir wollen nun noch Bedingungen angeben, mit denen man auch bei einer Funktion von mehr als zwei Variablen feststellen kann, ob an einer bestimmten Stelle ein Maximum bzw. Minimum vorliegt. Dazu ermitteln wir bei der Funktion $z = f(x_1, \dots, x_n)$ zunächst für jeden Punkt x_0, der die notwendige Bedingung

$$f_{x_1}(x_0) = \dots = f_{x_n}(x_0) = 0$$

erfüllt, die Hessesche Matrix

$$H(x_0) = \begin{pmatrix} f_{x_1x_1}(x_0) & f_{x_1x_2}(x_0) & \dots & f_{x_1x_n}(x_0) \\ f_{x_2x_1}(x_0) & f_{x_2x_2}(x_0) & \dots & f_{x_2x_n}(x_0) \\ \vdots & & & \\ f_{x_nx_1}(x_0) & f_{x_nx_2}(x_0) & \dots & f_{x_nx_n}(x_0) \end{pmatrix},$$

die ja wegen $f_{x_ix_j}(x_0) = f_{x_jx_i}(x_0)$ für $i, j = 1, \dots, n$ symmetrisch ist.

Der Reihe nach berechnen wir dann für i = 1,..., n die sog. Hauptunterdeterminanten

$$H_i = \det \begin{pmatrix} f_{x_1 x_1}(x_0) & \dots & f_{x_1 x_i}(x_0) \\ \vdots & & \\ f_{x_i x_1}(x_0) & \dots & f_{x_i x_i}(x_0) \end{pmatrix}.$$

H_i ist also die Determinante derjenigen Matrix, die man erhält, wenn in der Hesseschen Matrix $\mathbf{H}(\mathbf{x}_0)$ die letzten (n – i) Zeilen und Spalten gestrichen werden.
Für die Existenz von Extrema gilt nun allgemein:

(32.4) Satz (Hinreichende Bedingung)

Die Funktion $z = f(x_1, \dots, x_n)$ besitzt an der Stelle $\mathbf{x}_0$ ein

(a) lokales Maximum, falls

$$f_{x_1}(x_0) = \dots = f_{x_n}(x_0) = 0 \quad \text{und}$$

$$H_1 < 0,\ H_2 > 0,\ H_3 < 0, \dots, H_n \begin{cases} < 0 \text{ für n ungerade} \\ > 0 \text{ für n gerade} \end{cases};$$

(b) lokales Minimum, falls

$$f_{x_1}(x_0) = \dots = f_{x_n}(x_0) = 0 \quad \text{und}$$

$$H_1 > 0,\ H_2 > 0,\ H_3 > 0, \dots, H_n > 0.$$

Bemerkung

(1) Sind für einen Punkt $\mathbf{x}_0$ diese Bedingungen jedoch nicht erfüllt, so bedeutet das keineswegs, daß die Funktion an dieser Stelle kein Extremum besitzen kann. Es läßt sich lediglich für Funktionen mit mehr als zwei Variablen mit den hier angegebenen Kriterien keine Aussage darüber machen.

(2) Wie man leicht sieht, ergeben sich die in Satz (32.3) angegebenen Bedingungen aus Satz (32.4). Es ist nämlich:

$$H_1 = \det(f_{x_1 x_1}) = f_{x_1 x_1} \quad \text{und}$$

$$H_2 = \det \begin{pmatrix} f_{x_1 x_1} & f_{x_1 x_2} \\ f_{x_1 x_2} & f_{x_2 x_2} \end{pmatrix} = f_{x_1 x_1} \cdot f_{x_2 x_2} - [f_{x_1 x_2}]^2.$$

Für den Fall eines Maximums gilt dann $H_1 < 0$ und $H_2 > 0$, d. h. also:

$f_{x_1 x_1} < 0$ und deshalb auch $f_{x_2 x_2} < 0$ sowie

$f_{x_1 x_1} \cdot f_{x_2 x_2} > [f_{x_1 x_2}]^2$.

Für den Fall eines Minimums gilt $H_1 > 0$ und $H_2 > 0$, d. h. also:

$f_{x_1 x_1} > 0$ und deshalb auch $f_{x_2 x_2} > 0$ sowie

$f_{x_1 x_1} \cdot f_{x_2 x_2} > [f_{x_1 x_2}]^2$.

Beispiele

(1) $z = f(x_1, x_2) = x_1^4 + x_2^2 - 2x_1^2 + 4x_1x_2$.

Durch Nullsetzen der partiellen Ableitungen erster Ordnung erhalten wir die Gleichungen

$f_{x_1} = 4x_1^3 - 4x_1 + 4x_2 = 0 \quad \text{(I)}$

$f_{x_2} = 2x_2 + 4x_1 = 0 \quad \text{(II)}$.

Aus Gleichung (II) folgt nun: $x_2 = -2x_1$.

Einsetzen von (II) in Gleichung (I) ergibt dann:

$$4x_1^3 - 4x_1 - 8x_1 = 4x_1(x_1^2 - 3) = 0.$$

Wir erhalten somit die Lösungen

$$x_{11} = 0,\ x_{12} = \sqrt{3},\ x_{13} = -\sqrt{3} \text{ und } x_{21} = 0,\ x_{22} = -2\sqrt{3},\ x_{23} = 2\sqrt{3}.$$

Stationäre Punkte liegen deshalb vor bei

$$\mathbf{x}_{s1} = \begin{pmatrix} 0 \\ 0 \end{pmatrix}, \quad \mathbf{x}_{s2} = \begin{pmatrix} \sqrt{3} \\ -2\sqrt{3} \end{pmatrix}, \quad \mathbf{x}_{s3} = \begin{pmatrix} -\sqrt{3} \\ 2\sqrt{3} \end{pmatrix}.$$

Die Hessesche Matrix hat für die hierbei betrachtete Funktion $z = f(x_1, x_2)$ die Form:

$$\mathbf{H}(\mathbf{x}) = \begin{pmatrix} 12x_1^2 - 4 & 4 \\ 4 & 2 \end{pmatrix}.$$

Für jede dieser Stellen berechnen wir nun die Determinanten H_1 und H_2 und können dann gemäß Satz (32.4) sagen:

$\mathbf{x}_{s1} = \begin{pmatrix} 0 \\ 0 \end{pmatrix}$: $H_1 = \det(-4) = -4 < 0$

$H_2 = \det\begin{pmatrix} -4 & 4 \\ 4 & 2 \end{pmatrix} = -8 - 16 = -24 < 0.$

Es läßt sich also keine Entscheidung über die Existenz eines Extremums treffen.

$\mathbf{x}_{s2} = \begin{pmatrix} \sqrt{3} \\ -2\sqrt{3} \end{pmatrix}$: $H_1 = \det(32) = 32 > 0$

$H_2 = \det\begin{pmatrix} 32 & 4 \\ 4 & 2 \end{pmatrix} = 64 - 16 = 48 > 0.$

Es liegt also hier ein Minimum vor.

$\mathbf{x}_{s3} = \begin{pmatrix} -\sqrt{3} \\ 2\sqrt{3} \end{pmatrix}$: $H_1 = \det(32) = 32 > 0$

$H_2 = \det\begin{pmatrix} 32 & 4 \\ 4 & 2 \end{pmatrix} = 48 > 0.$

Es liegt hier wieder ein Minimum vor.

(2) $z = f(x_1, x_2, x_3) = e^{x_1^3 - 3x_1} - x_2^2 + x_2 x_3 - x_3^2 + 3x_3$.

Zur Bestimmung der stationären Punkte setzen wir wieder zunächst die partiellen Ableitungen erster Ordnung gleich Null:

$$f_{x_1} = (3x_1^2 - 3)\,e^{x_1^3 - 3x_1} = 0 \quad \text{(I)}$$

$$f_{x_2} = -2x_2 + x_3 = 0 \quad \text{(II)}$$

$$f_{x_3} = x_2 - 2x_3 + 3 = 0 \quad \text{(III)}.$$

Aus Gleichung (I) ergibt sich sofort $x_{11} = 1$ und $x_{12} = -1$. Die beiden übrigen Komponenten bestimmt man aus dem Gleichungssystem

$$\begin{array}{rrrl} -2x_2 + & x_3 = & 0 & \text{(II)} \\ x_2 - & 2x_3 = & -3 & \text{(III)} \\ \hline 0 & -3x_3 = & -6 & \text{(II + 2 III)} \end{array}$$

$$x_3 = 2 \text{ und } x_2 = -3 + 4 = 1.$$

Stationäre Punkte liegen also vor in

$$x_{s1} = \begin{pmatrix} 1 \\ 1 \\ 2 \end{pmatrix} \quad \text{und} \quad x_{s2} = \begin{pmatrix} -1 \\ 1 \\ 2 \end{pmatrix}.$$

Als Hessesche Matrix erhalten wir

$$H(x) = \begin{pmatrix} 6x_1 e^{x_1^3 - 3x_1} + (3x_1^2 - 3)^2 e^{x_1^3 - 3x_1} & 0 & 0 \\ 0 & -2 & 1 \\ 0 & 1 & -2 \end{pmatrix}.$$

Es gilt nun für

$$x_{s1} = \begin{pmatrix} 1 \\ 1 \\ 2 \end{pmatrix}: H_3 = \det \begin{pmatrix} 6e^{-2} & 0 & 0 \\ 0 & -2 & 1 \\ 0 & 1 & -2 \end{pmatrix} = 6e^{-2}(4-1) = 18e^{-2} > 0$$

$$H_2 = \det \begin{pmatrix} 6e^{-2} & 0 \\ 0 & -2 \end{pmatrix} = -12e^{-2} < 0$$

$$H_1 = \det(6e^{-2}) = 6e^{-2} > 0.$$

Wegen $H_2 < 0$ kann keine Aussage über Extrema gemacht werden.

$$x_{s2} = \begin{pmatrix} -1 \\ 1 \\ 2 \end{pmatrix}: H_3 = \det \begin{pmatrix} -6e^{2} & 0 & 0 \\ 0 & -2 & 1 \\ 0 & 1 & -2 \end{pmatrix} = -6e^{2}(4-1) = -18e^{2} < 0$$

$$H_2 = \det \begin{pmatrix} -6e^{2} & 0 \\ 0 & -2 \end{pmatrix} = 12e^{2} > 0$$

$$H_1 = \det(-6e^{2}) = -6e^{2} < 0.$$

Wegen $H_1 < 0$, $H_2 > 0$, $H_3 < 0$ liegt in x_{s2} ein Maximum vor.

(3) $z = f(x_1, \dots, x_n) = -\sum_{i=1}^{n} (a_i - x_i)^2$.

Aus den n Gleichungen

$$f_{x_1} = 2(a_1 - x_1) = 0$$
$$\vdots$$
$$f_{x_n} = 2(a_n - x_n) = 0$$

ergibt sich sofort als stationärer Punkt $\mathbf{x}_0 = \begin{pmatrix} a_1 \\ \vdots \\ a_n \end{pmatrix}$.

Die Hessesche Matrix ist hierbei eine Diagonalmatrix der Form

$$\mathbf{H}(\mathbf{x}) = \begin{pmatrix} -2 & & & & 0 \\ & -2 & & & \\ & & \cdot & & \\ & & & \cdot & \\ 0 & & & & -2 \end{pmatrix}.$$

Man kann nun leicht zeigen, daß jeweils gilt:

$$H_1 = \det(-2) = -2 < 0$$
$$H_2 = \det\begin{pmatrix} -2 & 0 \\ 0 & -2 \end{pmatrix} = 4 > 0$$
$$H_3 = \det\begin{pmatrix} -2 & 0 & 0 \\ 0 & -2 & 0 \\ 0 & 0 & -2 \end{pmatrix} = -8 < 0$$
$$\vdots$$
$$H_n = \begin{cases} (-2)^n > 0 & \text{für n gerade} \\ (-2)^n < 0 & \text{für n ungerade} \end{cases}$$

Im Punkt $\mathbf{x}_0$ besitzt die Funktion f also ein Maximum.

§ 33 Extrema unter Nebenbedingungen

Die Bestimmung von Extrema für Funktionen von mehreren Variablen wird in vielen wichtigen Fällen erst dann sinnvoll, wenn noch zusätzliche Bedingungen beachtet werden. So muß man beispielsweise bei der Nutzenmaximierung berücksichtigen, daß ein bestimmter Betrag für den Kauf der in Frage kommenden Güter ausgegeben wird. Will man dagegen die in einem Produktionsprozeß entstehenden Kosten minimieren, so ist dazu die Angabe einer festen Produktionsmenge notwendig, usw.

Eine solche zusätzliche Beschränkung bezeichnet man als Nebenbedingung. Wir betrachten hier nur solche Nebenbedingungen, die in Form einer Gleichung gegeben sind. Dabei beschränken wir uns zunächst auf Funktionen von zwei Variablen. Im einfachsten Fall stehen wir dann vor folgender

Problemstellung: Ermittle die lokalen Extrema der Funktion

$$z = f(x_1, x_2)$$

unter der Nebenbedingung

$$g(x_1, x_2) = 0.$$

Es werden nun also nicht mehr die Extrema bezüglich des ganzen Definitionsbereiches D einer Funktion f bestimmt. Man beschränkt sich vielmehr auf solche Punkte, die auf der durch die implizit definierte Nebenbedingung $g(x_1, x_2) = 0$ beschriebenen Bildkurve liegen und gleichzeitig in D enthalten sind. Wir bezeichnen die Menge aller dieser Punkte als die zulässige Menge

$$M = \{(x_1, x_2) \in \mathbb{R}^2 \mid (x_1, x_2) \in D \wedge g(x_1, x_2) = 0\}.$$

Betrachtet man die Funktion f nur auf der zulässigen Menge M, so entsteht dadurch eine aus dem Funktionsgebirge von f herausgeschnittene Raumkurve. Die Extrema dieser Raumkurve stellen dann die Extrema der Funktion $z = f(x_1, x_2)$ unter der Nebenbedingung $g(x_1, x_2) = 0$ dar (Bild 4-33).

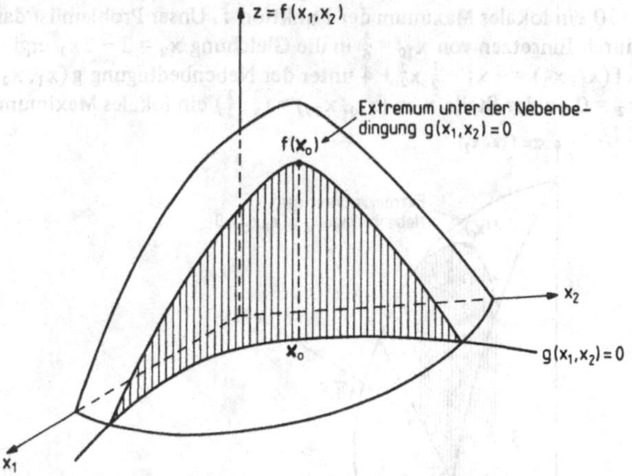

Bild 4-33

Wir betrachten nun zwei verschiedene Verfahren, mit deren Hilfe man die möglichen Extrema einer Funktion $z = f(x_1, x_2)$ unter der Nebenbedingung $g(x_1, x_2) = 0$ ermitteln kann.

Variablensubstitution

Man löst die Nebenbedingung $g(x_1, x_2) = 0$ beispielsweise nach der Variablen x_2 auf – falls dies möglich ist – und setzt dann x_2 in die Funktion $f(x_1, x_2)$ ein. Auf diese Weise erhält man eine Funktion $\hat{f}(x_1)$, die nur noch von der Variablen x_1 abhängt. Durch Differentiation von $\hat{f}$ kann man nun auf die übliche Weise die Maxima und Minima bestimmen. Hat die Funktion $\hat{f}$ in x_{10} ein Extremum, so stellt der Punkt (x_{10}, x_{20}) ein Extremum der Funktion $z = f(x_1, x_2)$ unter der Nebenbedingung $g(x_1, x_2) = 0$ dar.

Beispiel

Problem: Bestimme die Extrema der Funktion

$$f: \mathbb{R}_+^2 \to \mathbb{R}, \quad z = f(x_1, x_2) = -x_1^2 - \frac{1}{2}x_2^2 + 4$$

unter der Nebenbedingung $g(x_1, x_2) = 2 - 2x_1 - x_2 = 0$.
Aus der Nebenbedingung folgt sofort $x_2 = 2 - 2x_1$. Eingesetzt in die Funktion $z = f(x_1, x_2)$ ergibt dies:

$$\hat{f}(x_1) = -x_1^2 - \frac{1}{2}(2 - 2x_1)^2 + 4.$$

Durch Nullsetzen der ersten Ableitung

$$\hat{f}'(x_1) = -2x_1 - (2 - 2x_1)(-2) = -6x_1 + 4 = 0$$

erhalten wir dann als stationären Punkt $x_{10} = \frac{4}{6}$. Es existiert dort wegen $\hat{f}''(x_1) = -6 < 0$ ein lokales Maximum der Funktion $\hat{f}$. Unser Problem ist damit gelöst, da sich durch Einsetzen von $x_{10} = \frac{4}{6}$ in die Gleichung $x_2 = 2 - 2x_1$ ergibt, daß die Funktion $f(x_1, x_2) = -x_1^2 - \frac{1}{2}x_2^2 + 4$ unter der Nebenbedingung $g(x_1, x_2) = 2 - 2x_1 - x_2 = 0$ an der Stelle $x_0 = (x_{10}, x_{20}) = (\frac{2}{3}, \frac{2}{3})$ ein lokales Maximum besitzt (Bild 4-34).

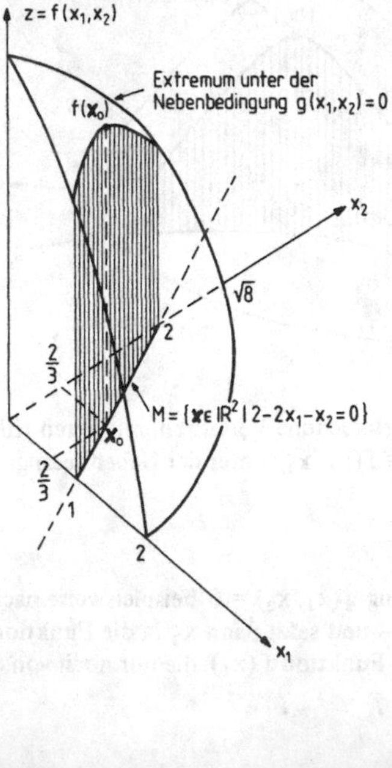

Bild 4-34

Lagrange-Methode

Wir fassen in den Funktionen $z = f(x_1, x_2)$ und $g(x_1, x_2) = 0$ die Variable x_2 als – nicht notwendigerweise eindeutig definierte – Funktion $x_2 = x_2(x_1)$ der Variablen x_1 auf. Auf diese Weise erhalten wir die nur noch von x_1 abhängigen Funktionen

$$z = f(x_1, x_2(x_1)) \quad \text{und} \quad g(x_1, x_2(x_1)) = 0.$$

Aus den totalen Differentialen

$$dz = \frac{\partial f}{\partial x_1} dx_1 + \frac{\partial f}{\partial x_2} dx_2 \quad \text{bzw.} \quad \frac{\partial g}{\partial x_1} dx_1 + \frac{\partial g}{\partial x_2} dx_2 = 0$$

ergeben sich dann die Ableitungen

$$\frac{dz}{dx_1} = f_{x_1} + f_{x_2} \frac{dx_2}{dx_1} \quad (*) \quad \text{und} \quad g_{x_1} + g_{x_2} \frac{dx_2}{dx_1} = 0 \quad (**).$$

Aus Gleichung (**) erhalten wir durch Auflösung $\frac{dx_2}{dx_1} = -\frac{g_{x_1}}{g_{x_2}}$. Eingesetzt in (*) ergibt dies:

$$\frac{dz}{dx_1} = f_{x_1} - f_{x_2} \frac{g_{x_1}}{g_{x_2}}.$$

Notwendig für das Vorliegen eines Extremums ist nun, daß die Ableitung $\frac{dz}{dx_1}$ den Wert Null annimmt. Es gilt somit:

$$\frac{dz}{dx_1} = f_{x_1} - f_{x_2} \frac{g_{x_1}}{g_{x_2}} = 0 \quad \text{bzw.} \quad \frac{f_{x_1}}{f_{x_2}} = \frac{g_{x_1}}{g_{x_2}}$$

An allen Stellen, bei denen ein lokales Extremum existiert, sind also die partiellen Ableitungen von f und g proportional zueinander. Bezeichnen wir den Proportionalitätsfaktor mit $(-\lambda)$, so erhalten wir die Gleichungen

$$f_{x_1} = -\lambda g_{x_1} \quad \text{und} \quad f_{x_2} = -\lambda g_{x_2} \quad \text{bzw.}$$

$$f_{x_1} + \lambda g_{x_1} = 0 \quad \text{und} \quad f_{x_2} + \lambda g_{x_2} = 0.$$

Diese Gleichungen ergeben sich auch, wenn man eine sogenannte Lagrange-Funktion

$$L(x_1, x_2, \lambda) = f(x_1, x_2) + \lambda g(x_1, x_2)$$

bildet und deren partielle Ableitungen bezüglich x_1 und x_2 jeweils gleich Null setzt. Man bezeichnet die soeben hergeleitete Methode als die Lagrangesche Multiplikatorregel und die Hilfsvariable λ als Lagrangeschen Multiplikator.
Zusammenfassend können wir nun sagen:

(33.1) Satz (Notwendige Bedingung)

Gegeben seien die Funktionen $f, g: D \to \mathbb{R}$ mit $D \subset \mathbb{R}^2$ und den stetigen partiellen Ableitungen f_{x_1}, f_{x_2} bzw. g_{x_1}, g_{x_2}. Besitzt dann die Funktion $z = f(x_1, x_2)$ unter der Nebenbedingung $g(x_1, x_2) = 0$ ein lokales Extremum, so erfüllen die partiellen Ableitungen der Lagrange-Funktion

$$L(x_1, x_2, \lambda) = f(x_1, x_2) + \lambda g(x_1, x_2)$$

die Gleichungen

$$L_{x_1} = 0, \quad L_{x_2} = 0 \quad \text{und} \quad L_\lambda = 0.$$

Bemerkung: Durch die Einführung der Lagrange-Funktion $L(\mathbf{x}, \lambda) = f(\mathbf{x}) + \lambda g(\mathbf{x})$ wird die Funktion $f(\mathbf{x})$ über die Hilfsvariable λ mit der Nebenbedingung $g(\mathbf{x}) = 0$ verknüpft. Wie man leicht sieht, stimmt die Lagrange-Funktion nur für solche Argumente $\mathbf{x}$, die die Nebenbedingung erfüllen, mit der Funktion $f(\mathbf{x})$ überein.
Ein Maximum bzw. Minimum von $L(\mathbf{x}, \lambda)$ entspricht einem Maximum bzw. Minimum von $f(\mathbf{x})$ unter der Nebenbedingung $g(\mathbf{x}) = 0$. Man erhält solche Extremwerte gemäß Satz (33.1) aus den Gleichungen

$$\begin{aligned} L_{x_1}(x_1, x_2, \lambda) &= f_{x_1}(x_1, x_2) + \lambda g_{x_1}(x_1, x_2) = 0 \\ L_{x_2}(x_1, x_2, \lambda) &= f_{x_2}(x_1, x_2) + \lambda g_{x_2}(x_1, x_2) = 0 \\ L_\lambda(x_1, x_2, \lambda) &= g(x_1, x_2) = 0. \end{aligned}$$

Ist nämlich $(x_{10}, x_{20}, \lambda_0)$ eine Lösung dieses Gleichungssystems, so stellt $\mathbf{x}_0 = (x_{10}, x_{20})$ einen Punkt dar, bei dem die Funktion $f(\mathbf{x})$ möglicherweise ein lokales Maximum oder Minimum besitzt. Durch die dritte Gleichung ist dabei garantiert, daß die gefundene Lösung tatsächlich die Nebenbedingung erfüllt, also in der Menge M der zulässigen Punkte liegt.

Beispiele

(1) $f: \mathbb{R}^2 \to \mathbb{R}, \quad z = f(x_1, x_2) = -x_1^2 - \frac{1}{2}x_2^2 + 4 \to$ Extrema

Nebenbedingung: $g(x_1, x_2) = 2 - 2x_1 - x_2 = 0$.

Aus der Lagrange-Funktion

$$L(x_1, x_2, \lambda) = -x_1^2 - \frac{1}{2}x_2^2 + 4 + \lambda(2 - 2x_1 - x_2)$$

ergeben sich durch Nullsetzen der partiellen Ableitungen erster Ordnung die Gleichungen

$$\begin{aligned} L_{x_1} &= -2x_1 - 2\lambda = 0 \quad &\text{(I)} \\ L_{x_2} &= -x_2 - \lambda = 0 \quad &\text{(II)} \\ L_\lambda &= 2 - 2x_1 - x_2 = 0 \quad &\text{(III)}. \end{aligned}$$

Wir erhalten aus Gleichung (I) $\lambda = -x_1$, aus Gleichung (II) $\lambda = -x_2$ und somit $x_1 = x_2$. Eingesetzt in Gleichung (III) ergibt dies $2 - 2x_2 - x_2 = 0$ bzw. $3x_2 = 2$. Es ist also $x_2 = \frac{2}{3}$ und $x_1 = \frac{2}{3}$.

Die Funktion $z = f(x_1, x_2)$ besitzt demnach möglicherweise unter der Nebenbedingung $g(x_1, x_2) = 0$ im Punkt $x_0 = (\frac{2}{3}, \frac{2}{3})$ ein lokales Extremum. Wie aus der geometrischen Form der Funktion f (siehe Bild 4-34) ersichtlich ist, existiert dort ein Maximum.

(2) $f: \mathbb{R}^2 \to \mathbb{R}, \quad z = f(x_1, x_2) = x_1 + x_2 + 4 \to$ Extrema
Nebenbedingung: $g(x_1, x_2) = x_1^2 + x_2^2 - 1 = 0$.
Die Lagrange-Funktion hat hierbei die Form:

$$L(x_1, x_2, \lambda) = x_1 + x_2 + 4 + \lambda(x_1^2 + x_2^2 - 1).$$

Gemäß der notwendigen Bedingung erhält man die Gleichungen

$$L_{x_1} = 1 + 2\lambda x_1 \quad = 0 \quad \text{(I)}$$

$$L_{x_2} = 1 + 2\lambda x_2 \quad = 0 \quad \text{(II)}$$

$$L_\lambda \;= x_1^2 + x_2^2 - 1 = 0 \quad \text{(III)}.$$

Aus Gleichung (I) folgt $x_1 = -\frac{1}{2\lambda}$ und aus Gleichung (II) $x_2 = -\frac{1}{2\lambda}$. Wegen $x_1 = x_2$ ergibt sich dann aus Gleichung (III) $2x_1^2 = 1$ bzw. $x_{10} = -\sqrt{\frac{1}{2}}$ und $x_{11} = \sqrt{\frac{1}{2}}$.
Mögliche Extremwerte liegen also vor bei $\mathbf{x}_1 = (x_{10}, x_{20}) = \left(-\frac{1}{\sqrt{2}}, -\frac{1}{\sqrt{2}}\right)$ und $\mathbf{x}_2 = (x_{11}, x_{21}) = \left(\frac{1}{\sqrt{2}}, \frac{1}{\sqrt{2}}\right)$.

Wie man aus Bild 4-35 ersieht, besitzt die Funktion f in $\mathbf{x}_1$ ein Minimum und in $\mathbf{x}_2$ ein Maximum.

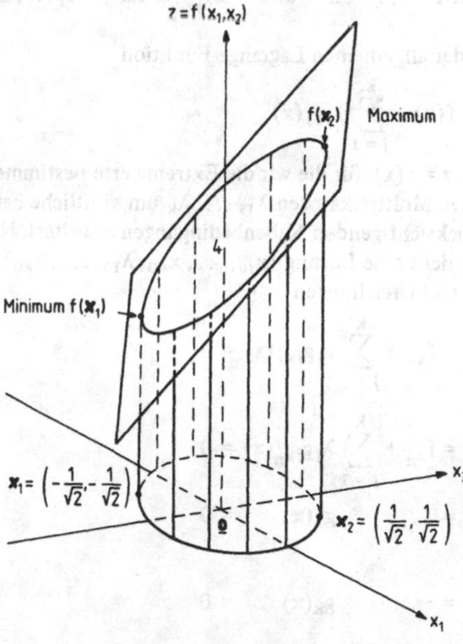

Bild 4-35

Die Benützung von Lagrange-Funktionen ermöglicht es, die oft recht komplizierten Bedingungen für die Existenz von Extrema unter Nebenbedingungen in eleganter und übersichtlicher Form anzugeben. Dies erweist sich vor allem dann als nützlich, wenn wir Funktionen von mehreren Variablen betrachten bzw. mehrere Nebenbedingungen zulassen. Wollte man ein solches Extremalproblem mit Hilfe der Variablensubstitution lösen, so wäre dies sehr umständlich und es müßten umfangreiche Rechenarbeiten durchgeführt werden, falls sich diese Methode überhaupt anwenden läßt.
Wir wollen uns deshalb hier nur noch auf die Lagrange-Methode beschränken. Im allgemeinen Fall gilt die folgende Lagrangesche Multiplikatorregel:

(32.2) Satz (Notwendige Bedingung)

Gegeben seien die Funktionen $f, g_1, \ldots, g_k : D \to \mathbb{R}$ mit $D \subset \mathbb{R}^n$ und den stetigen partiellen Ableitungen $f_{x_i}, g_{1x_i}, \ldots, g_{kx_i}$ für $i = 1, \ldots, n$. Besitzt dann die Funktion $z = f(x)$ ein lokales Extremum unter den Nebenbedingungen

$$g_1(x) = 0, \ldots, g_k(x) = 0,$$

so erfüllen die partiellen Ableitungen der Lagrange-Funktion

$$L(x, \lambda) = f(x) + \sum_{j=1}^{k} \lambda_j g_j(x)$$

die Gleichungen

$$L_{x_i} = 0 \text{ für } i = 1, \ldots, n \quad \text{und} \quad L_{\lambda_j} = 0 \text{ für } j = 1, \ldots, k.$$

Bemerkung: In der allgemeinen Lagrange-Funktion

$$L(x, \lambda) = f(x) + \sum_{j=1}^{k} \lambda_j g_j(x)$$

ist die Funktion $z = f(x)$, für die wir die Extremwerte bestimmen wollen, mit Hilfe der Lagrangeschen Multiplikatoren $\lambda_1, \ldots, \lambda_k$ um sämtliche bei dem betreffenden Problem zu berücksichtigenden Nebenbedingungen erweitert. Nach der notwendigen Bedingung entspricht eine Lösung $(x_{10}, \ldots, x_{n0}, \lambda_{10}, \ldots, \lambda_{k0})$ des folgenden Systems von $(n + k)$ Gleichungen

$$\begin{aligned}
L_{x_1}(x, \lambda) &= f_{x_1} + \sum_{j=1}^{k} \lambda_j g_{jx_1}(x) = 0 \\
&\vdots \\
L_{x_n}(x, \lambda) &= f_{x_n} + \sum_{j=1}^{k} \lambda_j g_{jx_n}(x) = 0 \\
L_{\lambda_1}(x, \lambda) &= g_1(x) = 0 \\
&\vdots \\
L_{\lambda_k}(x, \lambda) &= g_k(x) = 0
\end{aligned}$$

einem möglichen Maximum oder Minimum der Funktion $z = f(x)$ unter den angegebenen Nebenbedingungen bei $x_0 = (x_{10}, \ldots, x_{n0})$.

Beispiele

(1) $f: \mathbb{R}^n \to \mathbb{R}, \quad z = f(x_1, \ldots, x_n) = \sum_{i=1}^{n} x_i^2 \to$ Extrema

Nebenbedingung: $g(x_1, \ldots, x_n) = \sum_{i=1}^{n} x_i - 1 = 0.$

Setzt man bei der Lagrange-Funktion

$$L(x, \lambda) = \sum_{i=1}^{n} x_i^2 + \lambda \left(\sum_{i=1}^{n} x_i - 1 \right)$$

die partiellen Ableitungen erster Ordnung jeweils gleich Null, so erhalten wir die folgenden $(n + 1)$ Gleichungen:

$$L_{x_1} = 2x_1 + \lambda = 0$$
$$\vdots$$
$$L_{x_n} = 2x_n + \lambda = 0$$
$$L_\lambda = \sum_{i=1}^{n} x_i - 1 = 0.$$

Wie man sofort sieht, ist hierbei jeweils

$$x_1 = \ldots = x_n = -\frac{\lambda}{2}.$$

Eingesetzt in die Gleichung $L_\lambda = 0$ ergibt dies

$$\sum_{i=1}^{n} x_i = \sum_{i=1}^{n} \left(-\frac{\lambda}{2} \right) = -\frac{n\lambda}{2} = 1 \quad \text{bzw.} \quad \lambda = -\frac{2}{n}.$$

Es ist somit $x_1 = \ldots = x_n = \left(-\frac{1}{2} \right) \cdot \left(-\frac{2}{n} \right) = \frac{1}{n}.$

Die Funktion $z = f(x)$ besitzt also unter der Nebenbedingung $g(x) = 0$ ein mögliches Extremum im Punkt $x_0 = (x_{10}, \ldots, x_{n0}) = (\frac{1}{n}, \ldots, \frac{1}{n})$.
Aus der geometrischen Form von f läßt sich erkennen, daß es sich hierbei um ein Minimum handelt.

(2) In der betriebswirtschaftlichen Entscheidungstheorie ist das folgende Problem zu lösen:
Bestimme die Extrema der Funktion

$$z = f(w_1, w_2) = aw_1^2 + bw_2^2 + 2cw_1w_2,$$

wenn die Variablen w_1 und w_2 den Beschränkungen

$$E_1 w_1 + E_2 w_2 = E^* \quad \text{sowie}$$
$$w_1 + w_2 = 1$$

genügen. Dabei seien a, b, c, E_1, E_2 und E^* Konstante mit $E_1 \neq E_2$.
Unter Einbeziehung der beiden Nebenbedingungen ergibt sich die Lagrange-Funktion

$$L(\mathbf{w}, \boldsymbol{\lambda}) = L(w_1, w_2, \lambda_1, \lambda_2) = aw_1^2 + bw_2^2 + 2cw_1 w_2 + \\ + \lambda_1(E_1 w_1 + E_2 w_2 - E^*) + \lambda_2(w_1 + w_2 - 1).$$

Setzen wir nun wieder die partiellen Ableitungen von $L(\mathbf{w}, \boldsymbol{\lambda})$ jeweils gleich Null, so erhalten wir die Gleichungen:

$$\begin{aligned} L_{w_1} &= 2aw_1 + 2cw_2 + E_1\lambda_1 + \lambda_2 = 0 \\ L_{w_2} &= 2bw_2 + 2cw_1 + E_2\lambda_1 + \lambda_2 = 0 \\ L_{\lambda_1} &= E_1 w_1 + E_2 w_2 - E^* = 0 \\ L_{\lambda_2} &= w_1 + w_2 - 1 = 0. \end{aligned}$$

Wie man leicht sieht, handelt es sich hierbei um ein lineares Gleichungssystem der Form

$$\underbrace{\begin{pmatrix} 2a & 2c & E_1 & 1 \\ 2c & 2b & E_2 & 1 \\ E_1 & E_2 & 0 & 0 \\ 1 & 1 & 0 & 0 \end{pmatrix}}_{\mathbf{A}} \cdot \underbrace{\begin{pmatrix} w_1 \\ w_2 \\ \lambda_1 \\ \lambda_2 \end{pmatrix}}_{\mathbf{x}} = \underbrace{\begin{pmatrix} 0 \\ 0 \\ E^* \\ 1 \end{pmatrix}}_{\mathbf{b}}.$$

Man bestimmt die Variablen w_1 und w_2 am vorteilhaftesten mit Hilfe der Cramerschen Regel.
Wegen $\det \mathbf{A} = (E_1 - E_2)^2$ gilt nämlich:

$$w_1 = \frac{\det \begin{pmatrix} 0 & 2c & E_1 & 1 \\ 0 & 2b & E_2 & 1 \\ E^* & E_2 & 0 & 0 \\ 1 & 1 & 0 & 0 \end{pmatrix}}{\det \mathbf{A}} = \frac{(E^* - E_2)(E_1 - E_2)}{(E_1 - E_2)^2} = \frac{E^* - E_2}{E_1 - E_2} \quad \text{und}$$

$$w_2 = \frac{\det \begin{pmatrix} 2a & 0 & E_1 & 1 \\ 2c & 0 & E_2 & 1 \\ E_1 & E^* & 0 & 0 \\ 1 & 1 & 0 & 0 \end{pmatrix}}{\det \mathbf{A}} = \frac{(E_1 - E^*)(E_1 - E_2)}{(E_1 - E_2)^2} = \frac{(E_1 - E^*)}{E_1 - E_2}.$$

Die Funktion $z = f(w_1, w_2)$ kann also unter den angegebenen Nebenbedingungen ein lokales Extremum im Punkt $w_0 = (w_{10}, w_{20}) = \left(\frac{E^* - E_2}{E_1 - E_2}, \frac{E_1 - E^*}{E_1 - E_2}\right)$ besitzen.

Es sei noch besonders erwähnt, daß die mit Hilfe der Lagrangeschen Multiplikatorregel ermittelten Lösungen nur Punkte darstellen, bei denen lokale Extrema existieren können. Die Frage, ob nun tatsächlich ein Extremum vorliegt, und wenn ja, ob es sich hierbei um ein Maximum oder Minimum handelt, ist damit noch nicht geklärt. Dieser Mangel wirkt sich jedoch in vielen Fällen nicht allzu nachteilig aus, da häufig aus der konkreten Problemstellung bereits bekannt ist, daß ein Maximum oder Minimum existiert. Es sind dann deshalb nur noch die genauen Koordinaten solcher Punkte zu berechnen.

Wir wollen jetzt auch noch eine hinreichende Bedingung für die Existenz eines lokalen Maximums bzw. Minimums einer Funktion $z = f(x_1, \ldots, x_n)$ unter der Nebenbedingung $g(x_1, \ldots, x_n) = 0$ angeben. Dabei müssen wir allerdings auf eine Begründung dieses etwas komplizierten Kriteriums verzichten.

Wir gehen aus von den mit Hilfe der Lagrangeschen Multiplikatorregel ermittelten Punkten, die ja möglicherweise Extremalstellen der Funktion f darstellen. Für jeden solchen Punkt berechnen wir nun der Reihe nach die Determinanten:

$$G_2 = \det \begin{pmatrix} L_{x_1 x_1} & L_{x_1 x_2} & g_{x_1} \\ L_{x_2 x_1} & L_{x_2 x_2} & g_{x_2} \\ g_{x_1} & g_{x_2} & 0 \end{pmatrix},$$

$$G_3 = \det \begin{pmatrix} L_{x_1 x_1} & L_{x_1 x_2} & L_{x_1 x_3} & g_{x_1} \\ L_{x_2 x_1} & L_{x_2 x_2} & L_{x_2 x_3} & g_{x_2} \\ L_{x_3 x_1} & L_{x_3 x_2} & L_{x_3 x_3} & g_{x_3} \\ g_{x_1} & g_{x_2} & g_{x_3} & 0 \end{pmatrix}$$

$$\vdots$$

$$G_n = \det \begin{pmatrix} L_{x_1 x_1} & \cdots\cdots & L_{x_1 x_n} & g_{x_1} \\ L_{x_2 x_1} & \cdots\cdots & L_{x_2 x_n} & g_{x_2} \\ \vdots & & \vdots & \vdots \\ L_{x_n x_1} & \cdots\cdots & L_{x_n x_n} & g_{x_n} \\ g_{x_1} & \cdots\cdots & g_{x_n} & 0 \end{pmatrix}.$$

Dabei bezeichnen $L_{x_i x_j}$ $(i, j = 1, \ldots, n)$ die partiellen Ableitungen zweiter Ordnung der Lagrange-Funktion $L(x, \lambda) = f(x) + \lambda g(x)$.

Unter Benützung dieser Ergebnisse können wir nun sagen:

(33.3) Satz (Hinreichende Bedingung)

Es seien $f, g: D \to \mathbb{R}$ Funktionen mit $D \subset \mathbb{R}^n$ und stetigen partiellen Ableitungen erster bzw. zweiter Ordnung.
Erfüllt dann die Lagrange-Funktion $L(x, \lambda) = f(x) + \lambda g(x)$ in einem Punkt $x_0 = (x_{10}, \ldots, x_{n0})$ die Gleichungen

$$L_{x_1} = \ldots = L_{x_n} = L_\lambda = 0,$$

so besitzt die Funktion $f(x)$ unter der Nebenbedingung $g(x) = 0$ an dieser Stelle ein

(a) lokales Maximum, falls

$$G_2 > 0, G_3 < 0, \ldots, G_n \begin{cases} > 0 & \text{für n gerade} \\ < 0 & \text{für n ungerade} \end{cases};$$

(b) lokales Minimum, falls

$$G_2 < 0, G_3 < 0, \ldots, G_n < 0.$$

Bemerkung: Sind an einer bestimmten Stelle für die Determinanten $G_2, \ldots, G_n$ die Bedingungen (a) bzw. (b) von Satz (33.3) nicht erfüllt, so bedeutet dies noch nicht, daß bei diesem Punkt tatsächlich kein Extremum existiert. Es läßt sich lediglich mit den hier angegebenen Kriterien keine Aussage darüber machen.

Beispiel

$f: \mathbb{R}^2 \to \mathbb{R}, \quad z = f(x_1, x_2) = x_1 x_2 \to$ Extrema

Nebenbedingung: $ax_1 - x_2 + b = 0 \quad (a, b \in \mathbb{R})$.

Gemäß der notwendigen Bedingung erhalten wir aus der Lagrange-Funktion

$$L(x_1, x_2, \lambda) = x_1 x_2 + \lambda(ax_1 - x_2 + b)$$

die Gleichungen

$$L_{x_1} = x_2 + \lambda a \qquad = 0 \quad \text{(I)}$$

$$L_{x_2} = x_1 - \lambda \qquad = 0 \quad \text{(II)}$$

$$L_\lambda = ax_1 - x_2 + b = 0 \quad \text{(III)}.$$

Aus Gleichung (I) folgt $\lambda = -\frac{x_2}{a}$ und aus Gleichung (II) $\lambda = x_1$. Somit ist also $x_1 = -\frac{x_2}{a}$. Setzt man dies in Gleichung (III) ein, so ergibt sich:

$$a \cdot \left(-\frac{x_2}{a}\right) - x_2 + b = 0 \quad \text{bzw.} \quad x_2 = \frac{b}{2}.$$

Als möglichen Extremwert erhält man also den Punkt $x_0 = \left(-\frac{b}{2a}, \frac{b}{2}\right)$.

Um nun festzustellen, ob hier ein Maximum oder Minimum vorliegt, untersuchen wir entsprechend der hinreichenden Bedingung die Determinante G_2 auf ihr Vorzeichen.

$$G_2 = \det\begin{pmatrix} L_{x_1x_1} & L_{x_1x_2} & g_{x_1} \\ L_{x_2x_1} & L_{x_2x_2} & g_{x_2} \\ g_{x_1} & g_{x_2} & 0 \end{pmatrix} = \det\begin{pmatrix} 0 & 1 & a \\ 1 & 0 & -1 \\ a & -1 & 0 \end{pmatrix} =$$

$$= -\det\begin{pmatrix} 1 & a \\ -1 & 0 \end{pmatrix} + a\det\begin{pmatrix} 1 & a \\ 0 & -1 \end{pmatrix} = -a - a = -2a \begin{cases} >0 & \text{für } a<0 \\ <0 & \text{für } a>0 \end{cases}.$$

Für $a < 0$ existiert dann bei x_0 ein Maximum und für $a > 0$ ein Minimum.

Abschließend wollen wir noch anhand eines wichtigen Beispiels aus den Wirtschaftswissenschaften die Nützlichkeit der Lagrange-Methode demonstrieren:
Ein Betrieb stellt aus den Mengen v_1 und v_2 der Faktoren F_1 und F_2 ein Gut G her. Die Preise pro ME der beiden Produktionsfaktoren betragen p_1 bzw. p_2 und der Herstellungsprozeß werde beschrieben durch die Produktionsfunktion $x = f(v_1, v_2)$. Es sollen nun alle Mengenkombinationen (v_1, v_2) ermittelt werden, bei denen ein bestimmter Output x^* mit minimalen Kosten hergestellt werden kann. Das hier betrachtete Problem besteht also darin, die Kostenfunktion

$$K = K(v_1, v_2) = p_1 v_1 + p_2 v_2$$

zu minimieren unter der Nebenbedingung

$$x^* = f(v_1, v_2).$$

Wir erhalten diese Lösungen, die man auch Minimalkostenkombinationen nennt, indem wir bei der Lagrange-Funktion

$$L(v_1, v_2, \lambda) = p_1 v_1 + p_2 v_2 + \lambda(x^* - f(v_1, v_2))$$

die partiellen Ableitungen erster Ordnung gleich Null setzen:

$$\begin{aligned} L_{v_1} &= p_1 - \lambda f_{v_1} &&= 0 \quad \text{(I)} \\ L_{v_2} &= p_2 - \lambda f_{v_2} &&= 0 \quad \text{(II)} \\ L_\lambda &= x^* - f(v_1, v_2) &&= 0 \quad \text{(III)}. \end{aligned}$$

Hieraus ergibt sich sofort:

$$\lambda = \frac{p_1}{f_{v_1}} = \frac{p_2}{f_{v_2}} \quad \text{bzw.} \quad \frac{p_1}{p_2} = \frac{f_{v_1}}{f_{v_2}}.$$

An allen Punkten, bei denen ein Minimum vorliegt, stehen also die Faktorpreise p_1 und p_2 im gleichen Verhältnis zueinander wie die Grenzproduktivitäten f_{v_1} und f_{v_2}.
Speziell für $p_1 = 3$, $p_2 = 2$, $x = f(v_1, v_2) = v_1^{1/2} v_2$ sowie $x^* = 24$ gilt dann wegen $f_{v_1} = \frac{1}{2} v_1^{-1/2} v_2$ und $f_{v_2} = v_1^{1/2}$:

$$\frac{3}{2} = \frac{1}{2}\frac{v_1^{-1/2} v_2}{v_1^{1/2}} = \frac{1}{2}\frac{v_2}{v_1} \quad \text{bzw.} \quad v_2 = 3v_1.$$

Durch Einsetzen in Gleichung (III) $24 = v_1^{1/2} v_2$ folgt daraus:

$$24 = v_1^{1/2} \cdot 3v_1 = 3\sqrt{v_1^3} \quad \text{bzw.} \quad v_1^3 = 64, \quad \text{d.h.} \quad v_1 = 4.$$

Als Minimalkostenkombination erhalten wir so den Punkt $\mathbf{v}_0 = (v_{10}, v_{20}) = (4, 12)$.

Die Kostenfunktion stellt eine Gerade und die Nebenbedingung eine Isoquante dar. Man erhält die Minimalkostenkombination graphisch, indem man die Kostengerade solange verschiebt, bis sie die Isoquante gerade noch berührt (Bild 4-36). An dieser Stelle nimmt die Kostenfunktion den unter Berücksichtigung der Nebenbedingung kleinstmöglichen Wert an.

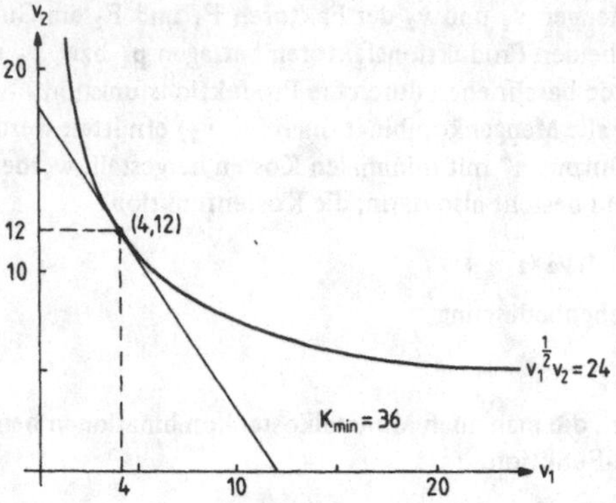

Bild 4-36

Wir nehmen nun an, daß für jeden möglichen Output eine solche Minimalkostenkombination ermittelt wird. Die Verbindungslinie zwischen diesen Punkten bezeichnet man üblicherweise als Expansionspfad oder als Faktoranpassungskurve. Bei dem hier betrachteten Beispiel erhalten wir als Expansionspfad eine Gerade der Form

$$v_2 = 3v_1,$$

wenn man annimmt, daß der Output x^* kontinuierlich verändert wird (Bild 4-37). Bei Ausdehnung der Produktion wird man stets eine Kombination (v_1, v_2) von Faktoreinsatzmengen wählen, die auf dem Expansionspfad liegt, da dann jeweils eine kostenminimale Produktion gewährleistet ist.

Der hierbei verwendete Lagrangesche Multiplikator läßt sich ökonomisch interpretieren als Grenzkosten $\frac{dK}{dx}$. Um dies zu zeigen, braucht man nur das Verhältnis der Differentiale der Kostenfunktion

$$dK = K_{v_1} dv_1 + K_{v_2} dv_2 = p_1 dv_1 + p_2 dv_2$$

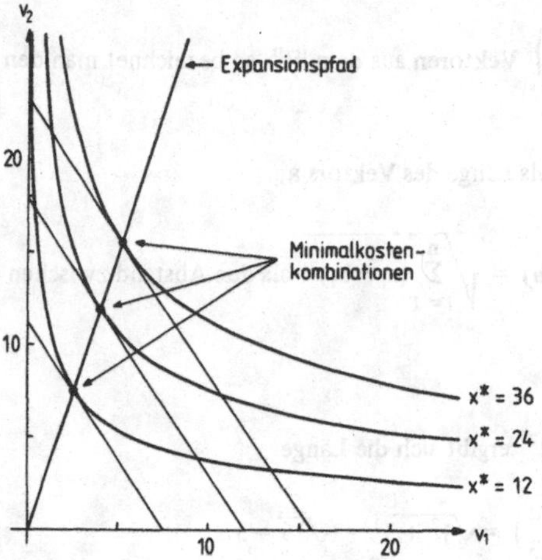

Bild 4-37

und der Produktionsfunktion

$$dx = f_{v_1} dv_1 + f_{v_2} dv_2$$

zu bilden. Wegen $\lambda = \frac{p_1}{f_{v_1}} = \frac{p_2}{f_{v_2}}$ gilt nämlich

$dK = \lambda f_{v_1} dv_1 + \lambda f_{v_2} dv_2 = \lambda (f_{v_1} dv_1 + f_{v_2} dv_2)$ und deshalb:

$$\frac{dK}{dx} = \frac{\lambda (f_{v_1} dv_1 + f_{v_2} dv_2)}{f_{v_1} dv_1 + f_{v_2} dv_2} = \lambda.$$

$\lambda = \frac{dK}{dx}$ gibt also näherungsweise an, wie sich die Kosten ändern, wenn man den günstigsten Output um eine Einheit erhöht bzw. vermindert.

§ 34 Orthogonale Transformationen und Eigenwerte

Wir wollen nun noch zusätzlich einige wichtige Begriffe und Methoden aus der Linearen Algebra behandeln, die man vor allem in der Statistik, aber auch z.B. bei der Lösung von Differential- und Differenzengleichungen benötigt.

Einen Vektor $\mathbf{a} = (a_1, ..., a_n) \in \mathbb{R}^n$ haben wir in § 23 geometrisch interpretiert als einen vom Ursprung **o** zum Punkt **a** gerichteten Pfeil. Die Länge eines solchen Vektors bzw. den Abstand zwischen zwei Punkten kann man nun mit Hilfe des Skalarprodukts folgendermaßen festlegen:

(34.1) Definition

Sind $\mathbf{a} = \begin{pmatrix} a_1 \\ \vdots \\ a_n \end{pmatrix}$ und $\mathbf{b} = \begin{pmatrix} b_1 \\ \vdots \\ b_n \end{pmatrix}$ Vektoren aus dem $\mathbb{R}^n$, so bezeichnet man den Ausdruck

(a) $|\mathbf{a}| = \sqrt{\mathbf{a}'\mathbf{a}} = \sqrt{\sum_{i=1}^{n} a_i^2}$ als Länge des Vektors **a**,

(b) $|\mathbf{a} - \mathbf{b}| = \sqrt{(\mathbf{a} - \mathbf{b})'(\mathbf{a} - \mathbf{b})} = \sqrt{\sum_{i=1}^{n} (a_i - b_i)^2}$ als den Abstand zwischen den Punkten **a** und **b**.

Beispiel

Für den Vektor $\mathbf{a} = \begin{pmatrix} 4 \\ 3 \end{pmatrix} \in \mathbb{R}^2$ ergibt sich die Länge

$$|\mathbf{a}| = \sqrt{\mathbf{a}'\mathbf{a}} = \sqrt{(4, 3)\begin{pmatrix} 4 \\ 3 \end{pmatrix}} = \sqrt{4^2 + 3^2} = \sqrt{25} = 5 .$$

Der Abstand zwischen den Punkten $\mathbf{a} = \begin{pmatrix} 4 \\ 4 \end{pmatrix}$ und $\mathbf{b} = \begin{pmatrix} 1 \\ 2 \end{pmatrix}$ beträgt

$$|\mathbf{a} - \mathbf{b}| = \sqrt{(4-1)^2 + (4-2)^2} = \sqrt{3^2 + 2^2} = \sqrt{13} .$$

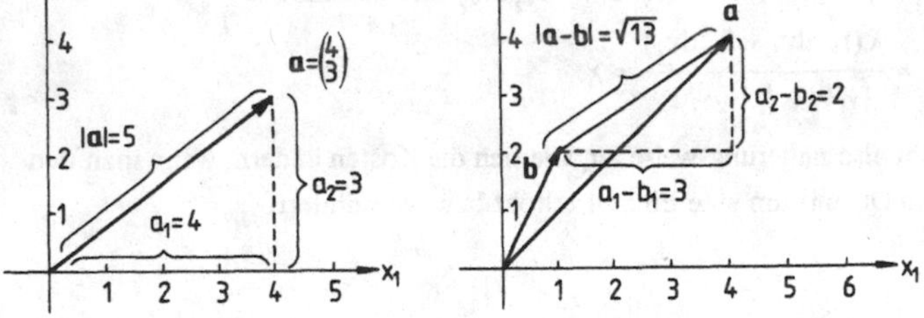

Für den Winkel φ zwischen zwei Vektoren $\mathbf{a}, \mathbf{b} \in \mathbb{R}^n$ gilt die Beziehung

$$\cos\varphi = \frac{\mathbf{a}'\mathbf{b}}{\sqrt{\mathbf{a}'\mathbf{a}}\,\sqrt{\mathbf{b}'\mathbf{b}}} .$$

Besonders interessant ist dabei der Fall, daß für das Skalarprodukt $\mathbf{a}'\mathbf{b} = 0$ gilt. Wegen $\cos\varphi = 0$ ist dann nämlich $\varphi = 90°$; die beiden Vektoren **a** und **b** stehen also senkrecht aufeinander.

Beispiel

Für $\mathbf{a} = \begin{pmatrix} 2 \\ 4 \end{pmatrix}$ und $\mathbf{b} = \begin{pmatrix} -2 \\ 1 \end{pmatrix}$ gilt $\mathbf{a}'\mathbf{b} = (2.4) \cdot \begin{pmatrix} -2 \\ 1 \end{pmatrix} = 0$. Der Winkel zwischen den beiden Vektoren beträgt also $\varphi = 90°$.

Aus $\mathbf{a}$ und $\mathbf{b}$ erhält man nun die sog. „normierten' Vektoren

$$\tilde{\mathbf{a}} = \frac{1}{|\mathbf{a}|}\mathbf{a} = \frac{1}{\sqrt{20}}\begin{pmatrix} 2 \\ 4 \end{pmatrix} \text{ und}$$

$$\tilde{\mathbf{b}} = \frac{1}{|\mathbf{b}|}\mathbf{b} = \frac{1}{\sqrt{5}}\begin{pmatrix} -2 \\ 1 \end{pmatrix}.$$

Es ist dann $|\tilde{\mathbf{a}}| = |\tilde{\mathbf{b}}| = 1$; die Vektoren $\tilde{\mathbf{a}}$ und $\tilde{\mathbf{b}}$ besitzen somit jeweils die Länge 1.

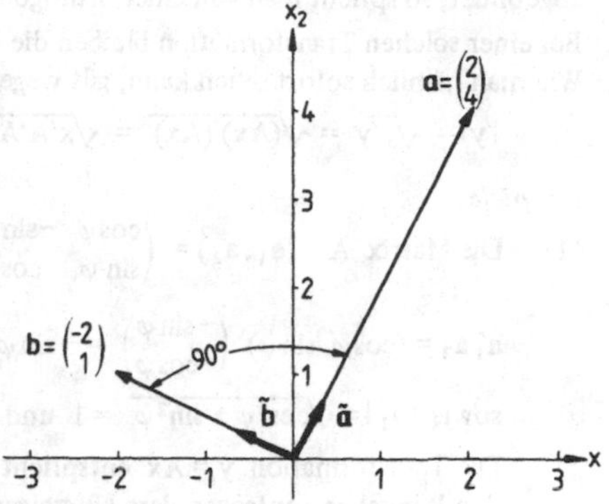

Für solche Vektoren bzw. für Matrizen, die aus solchen Vektoren gebildet werden, verwendet man die folgenden Bezeichnungen:

(34.2) Definition

(a) Die Vektoren $\mathbf{a}, \mathbf{b} \in \mathbb{R}^n$ heißen
orthogonal, falls $\mathbf{a}'\mathbf{b} = 0$ gilt,
orthonormal, falls $\mathbf{a},\mathbf{b}$ orthogonal sind und $|\mathbf{a}| = |\mathbf{b}| = 1$ gilt.

(b) Die Matrix $\mathbf{A} = (\mathbf{a}_1, \dots, \mathbf{a}_n)$ heißt orthogonal, falls die Vektoren $\mathbf{a}_1, \dots, \mathbf{a}_n$ jeweils paarweise orthonormal sind.

Ist also $\mathbf{A} = (\mathbf{a}_1, \dots, \mathbf{a}_n)$ eine orthogonale $(n \times n)$-Matrix, so gilt $\mathbf{a}_1{}'\mathbf{a}_1 = \dots = \mathbf{a}_n{}'\mathbf{a}_n = 1$ und $\mathbf{a}_i'\mathbf{a}_j = 0$ für $i \neq j$ $(i, j = 1, \dots, n)$.

Bildet man nun das Produkt $\mathbf{A}'\mathbf{A}$, so ergibt sich:

$$\mathbf{A}'\mathbf{A} = \begin{bmatrix} \mathbf{a}_1' \\ \vdots \\ \mathbf{a}_n' \end{bmatrix}(\mathbf{a}_1, \dots, \mathbf{a}_n) = \begin{bmatrix} \mathbf{a}_1'\mathbf{a}_1 & \dots & \mathbf{a}_1'\mathbf{a}_n \\ \vdots & & \vdots \\ \mathbf{a}_n'\mathbf{a}_1 & \dots & \mathbf{a}_n'\mathbf{a}_n \end{bmatrix} = \begin{pmatrix} 1 & & 0 \\ & \ddots & \\ 0 & & 1 \end{pmatrix} = \mathbf{E}.$$

Wegen $\mathbf{A}'\mathbf{A} = \mathbf{E}$ gilt dann $\mathbf{A}^{-1} = \mathbf{A}'$. Ferner ist $\det(\mathbf{A}'\mathbf{A}) = \det \mathbf{A}' \cdot \det \mathbf{A} = (\det \mathbf{A})^2 = \det \mathbf{E} = 1$ und somit $\det \mathbf{A} = 1$ oder $\det \mathbf{A} = -1$.

Zusammenfassend können wir also sagen:

(34.3) Satz

Ist $\mathbf{A}$ eine orthogonale $(n \times n)$-Matrix, so gilt:

(a) $\mathbf{A}'\mathbf{A} = \mathbf{A}\mathbf{A}' = \mathbf{E}$ bzw. $\mathbf{A}^{-1} = \mathbf{A}'$.

(b) $\det \mathbf{A} = \pm 1$.

Wird ein Vektor $\mathbf{x} \in \mathbb{R}^n$ mit Hilfe einer orthogonalen $(n \times n)$-Matrix $\mathbf{A}$ auf einen Vektor

$$\mathbf{y} = \mathbf{A}\mathbf{x}$$

abgebildet, so spricht man von einer orthogonalen linearen Transformation.
Bei einer solchen Transformation bleiben die Längen der Vektoren unverändert.
Wie man nämlich sofort sehen kann, gilt wegen $\mathbf{A}'\mathbf{A} = \mathbf{E}$ die Beziehung:

$$|\mathbf{y}| = \sqrt{\mathbf{y}'\mathbf{y}} = \sqrt{(\mathbf{A}\mathbf{x})'(\mathbf{A}\mathbf{x})} = \sqrt{\mathbf{x}'\mathbf{A}'\mathbf{A}\mathbf{x}} = \sqrt{\mathbf{x}'\mathbf{E}\mathbf{x}} = \sqrt{\mathbf{x}'\mathbf{x}} = |\mathbf{x}|.$$

Beispiele

(1) Die Matrix $\mathbf{A} = (\mathbf{a}_1, \mathbf{a}_2) = \begin{pmatrix} \cos\varphi & -\sin\varphi \\ \sin\varphi & \cos\varphi \end{pmatrix}$ ist orthogonal wegen

$$\mathbf{a}_1'\mathbf{a}_2 = (\cos\varphi, \sin\varphi)\begin{pmatrix} -\sin\varphi \\ \cos\varphi \end{pmatrix} = -\sin\varphi \cdot \cos\varphi + \sin\varphi \cdot \cos\varphi = 0$$

sowie $|\mathbf{a}_1| = \sqrt{\cos^2\varphi + \sin^2\varphi} = 1$ und $|\mathbf{a}_2| = \sqrt{\sin^2\varphi + \cos^2\varphi} = 1$.

Die Transformation $\mathbf{y} = \mathbf{A}\mathbf{x}$ entspricht hier einer Drehung des Vektors $\mathbf{x}$ um den Winkel φ (entgegen dem Uhrzeigersinn).

Werden solche Drehungen z.B. auf den Vektor $\mathbf{x} = \begin{pmatrix} 4 \\ 2 \end{pmatrix}$ angewandt, so erhalten wir für die verschiedenen Werte von φ die folgenden Vektoren $\mathbf{y} = \begin{pmatrix} y_1 \\ y_2 \end{pmatrix}$:

$\varphi_1 = 30°$:

$$\begin{pmatrix} \frac{\sqrt{3}}{2} & -\frac{1}{2} \\ \frac{1}{2} & \frac{\sqrt{3}}{2} \end{pmatrix}\begin{pmatrix} 4 \\ 2 \end{pmatrix} = \begin{pmatrix} 2,46 \\ 3,73 \end{pmatrix}$$

$\varphi_2 = 90°$:

$$\begin{pmatrix} 0 & -1 \\ 1 & 0 \end{pmatrix}\begin{pmatrix} 4 \\ 2 \end{pmatrix} = \begin{pmatrix} -2 \\ 4 \end{pmatrix}$$

$\varphi_3 = 225°$:

$$\begin{bmatrix} -\frac{1}{\sqrt{2}} & \frac{1}{\sqrt{2}} \\ -\frac{1}{\sqrt{2}} & -\frac{1}{\sqrt{2}} \end{bmatrix}\begin{pmatrix} 4 \\ 2 \end{pmatrix} = -\frac{1}{\sqrt{2}}\begin{pmatrix} 2 \\ 6 \end{pmatrix}.$$

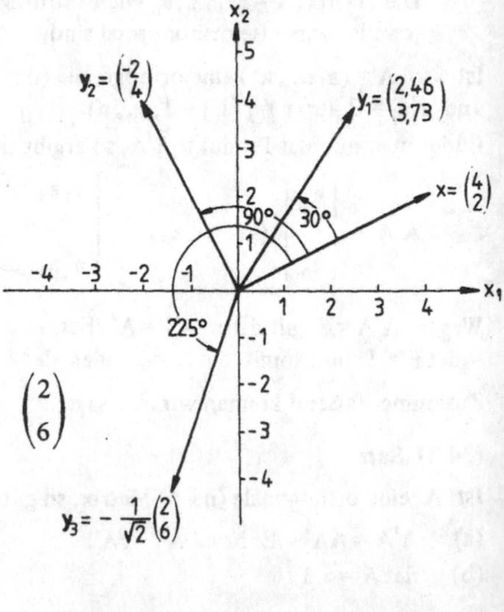

(2) Die orthogonale lineare Transformation $\mathbf{y} = \mathbf{A}\mathbf{x}$ bewirkt bei

(a) $\mathbf{A} = \begin{pmatrix} 0 & 1 \\ 1 & 0 \end{pmatrix}$ eine Spiegelung des Vektors $\mathbf{x} \in \mathbb{R}^2$ an der Geraden $x_2 = x_1$,

(b) $\mathbf{A} = \begin{pmatrix} -1 & 0 \\ 0 & 1 \end{pmatrix}$ eine Spiegelung des Vektors $\mathbf{x} \in \mathbb{R}^2$ an der x_2-Achse.

Werden diese Transformationen z.B. auf den Vektor $\mathbf{x} = \begin{pmatrix} 3 \\ 1 \end{pmatrix}$ angewandt, so ergibt sich:

(a) $\begin{pmatrix} 0 & 1 \\ 1 & 0 \end{pmatrix} \cdot \begin{pmatrix} 3 \\ 1 \end{pmatrix} = \begin{pmatrix} 1 \\ 3 \end{pmatrix}$; (b) $\begin{pmatrix} -1 & 0 \\ 0 & 1 \end{pmatrix} \cdot \begin{pmatrix} 3 \\ 1 \end{pmatrix} = \begin{pmatrix} -3 \\ 1 \end{pmatrix}$.

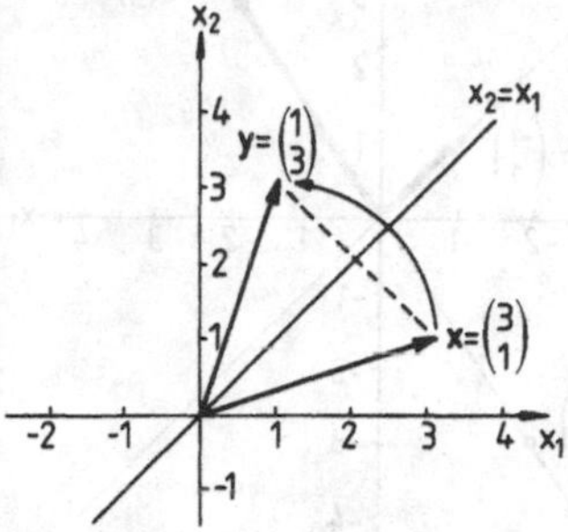

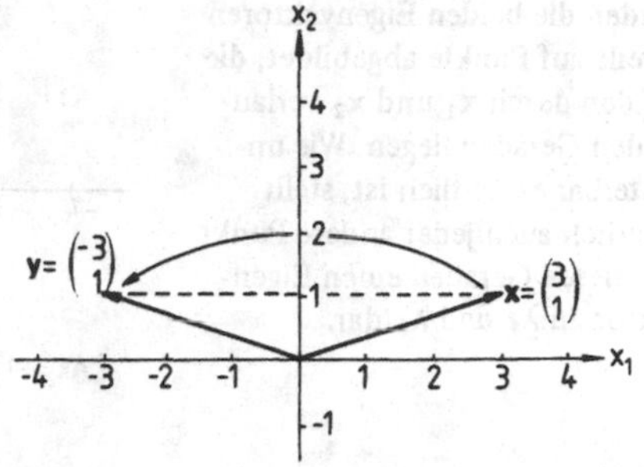

Bemerkung: Orthogonale Matrizen mit mehr als zwei Zeilen und Spalten kann man mit Hilfe des E. Schmidtschen Orthonormalisierungsverfahrens konstruieren. Dieses Verfahren ist ausführlich beschrieben bei G. Fischer, Lineare Algebra.

Bei der Lösung vieler wichtiger Probleme spielen die sogenannten Eigenwerte und Eigenvektoren einer Matrix eine große Rolle. Unter diesen Begriffen verstehen wir hier reelle Zahlen und Vektoren, welche die im Folgenden angegebenen Eigenschaften besitzen:

(34.4) Definition

Gilt für eine $(n \times n)$-Matrix $\mathbf{A}$ und einen Vektor $\mathbf{x} \in \mathbb{R}^n$ mit $\mathbf{x} \neq 0$ die Beziehung

$$\mathbf{A}\mathbf{x} = \lambda\mathbf{x},$$

so bezeichnet man die Zahl λ als Eigenwert von $\mathbf{A}$ und $\mathbf{x}$ als einen zu λ gehörenden Eigenvektor.

Unter einem Eigenvektor versteht man also einen Vektor $\mathbf{x}$, der durch die lineare Transformation $\mathbf{x} \to \mathbf{A}\mathbf{x}$ auf einen Vektor $\mathbf{y} = \lambda\mathbf{x}$ abgebildet wird. Geometrisch läßt sich dies so deuten, daß jedem Eigenvektor $\mathbf{x}$ ein Punkt $\mathbf{y} = \lambda\mathbf{x}$ zugeordnet wird, der auf der durch den Vektor $\mathbf{x}$ verlaufenden Geraden liegt.

Beispiel

Die Matrix $\mathbf{A} = \begin{pmatrix} 2 & -2 \\ -3 & 1 \end{pmatrix}$ besitzt wegen $\begin{pmatrix} 2 & -2 \\ -3 & 1 \end{pmatrix}\begin{pmatrix} -1 \\ 1 \end{pmatrix} = 4\begin{pmatrix} -1 \\ 1 \end{pmatrix}$ und $\begin{pmatrix} 2 & -2 \\ -3 & 1 \end{pmatrix}\begin{pmatrix} 2 \\ 3 \end{pmatrix} = -1\begin{pmatrix} 2 \\ 3 \end{pmatrix}$ die Eigenwerte $\lambda_1 = 4$ und $\lambda_2 = -1$. Dazugehörende Eigenvektoren sind z.B. $\mathbf{x}_1 = \begin{pmatrix} -1 \\ 1 \end{pmatrix}$ und $\mathbf{x}_2 = \begin{pmatrix} 2 \\ 3 \end{pmatrix}$.

Durch die Transformation $\mathbf{y} = \mathbf{Ax}$ werden die beiden Eigenvektoren jeweils auf Punkte abgebildet, die auf den durch $\mathbf{x}_1$ und $\mathbf{x}_2$ verlaufenden Geraden liegen. Wie unmittelbar ersichtlich ist, stellt natürlich auch jeder andere Punkt auf diesen Geraden einen Eigenvektor zu λ_1 und λ_2 dar.

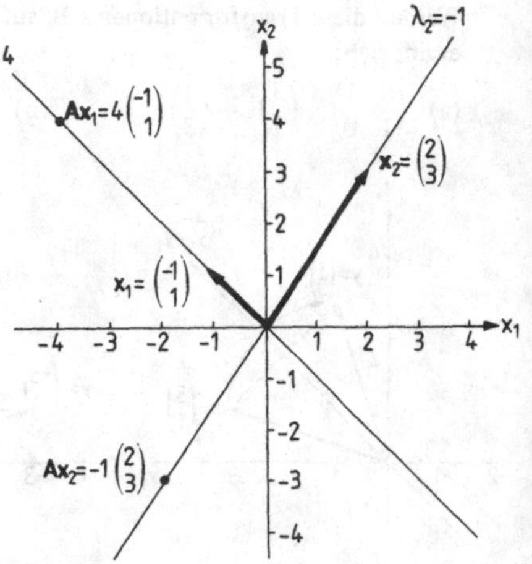

Um die Eigenwerte und -vektoren einer $(n \times n)$-Matrix $\mathbf{A}$ berechnen zu können, schreiben wir die Bestimmungsgleichung $\mathbf{Ax} = \lambda\mathbf{x}$ in der Form $(\mathbf{A} - \lambda\mathbf{E})\mathbf{x} = \mathbf{o}$. Wir erhalten somit ein homogenes lineares Gleichungssystem, das nach Satz (24.2) nur dann eine nichttriviale Lösung $\mathbf{x} \neq \mathbf{o}$ besitzt, falls für den Rang die Bedingung $r(\mathbf{A} - \lambda\mathbf{E}) < n$ gilt, was gleichbedeutend ist mit $\det(\mathbf{A} - \lambda\mathbf{E}) = 0$.

Die Eigenwerte der Matrix $\mathbf{A}$ ergeben sich deshalb als Lösungen der Gleichung

$$p(\lambda) = \det(\mathbf{A} - \lambda\mathbf{E}) = 0\,.$$

Dieses sogenannte charakteristische Polynom $p(\lambda)$ besitzt maximal n reellwertige Nullstellen $\lambda_1, \ldots, \lambda_n$ (= Eigenwerte von $\mathbf{A}$), die nicht notwendigerweise alle verschieden sein müssen. Erhält man dabei ein bestimmtes λ_i r-mal als Lösung von $p(\lambda)$, so nennt man λ_i einen r-fachen Eigenwert von $\mathbf{A}$.

Sind die Eigenwerte bekannt, so erhält man die jeweils dazugehörenden Eigenvektoren durch Lösung des homogenen linearen Gleichungssystems

$$(\mathbf{A} - \lambda\mathbf{E})\mathbf{x} = \mathbf{o}\,.$$

Beispiele

(1) Für die Matrix $\mathbf{A} = \begin{pmatrix} 2 & -2 \\ -3 & 1 \end{pmatrix}$ aus dem vorhergehenden Beispiel gilt:

$$\mathbf{A} - \lambda\mathbf{E} = \begin{pmatrix} 2 & -2 \\ -3 & 1 \end{pmatrix} - \begin{pmatrix} \lambda & 0 \\ 0 & \lambda \end{pmatrix} = \begin{pmatrix} 2-\lambda & -2 \\ -3 & 1-\lambda \end{pmatrix}.$$

Aus der Gleichung

$p(\lambda) = \det(\mathbf{A} - \lambda\mathbf{E}) = (2-\lambda)(1-\lambda) - 6 = \lambda^2 - 3\lambda - 4 = 0$

erhalten wir dann die Nullstellen

$$\lambda_{1,2} = \frac{3 \pm \sqrt{9+16}}{2} = \frac{3 \pm 5}{2}.$$

Die Matrix **A** besitzt deshalb die Eigenwerte $\lambda_1 = 4$ und $\lambda_2 = -1$.

Die zu λ_1 und λ_2 gehörenden Eigenvektoren lassen sich dann aus den folgenden Gleichungssystemen bestimmen:

(a) $\lambda_1 = 4$: $(\mathbf{A} - 4\mathbf{E})\mathbf{x} = \begin{pmatrix} -2 & -2 \\ -3 & -3 \end{pmatrix}\begin{pmatrix} x_1 \\ x_2 \end{pmatrix} = \begin{pmatrix} 0 \\ 0 \end{pmatrix}$, d.h. $\begin{matrix} -2x_1 - 2x_2 = 0 \\ -3x_1 - 3x_2 = 0 \end{matrix}$.

Setzt man $x_2 = \beta$, so ist $x_1 = -\beta$, und wir erhalten die Lösung

$$\mathbf{x}_1 = \begin{pmatrix} -\beta \\ \beta \end{pmatrix} = \beta \begin{pmatrix} -1 \\ 1 \end{pmatrix}, \; \beta \in \mathbb{R}.$$

(b) $\lambda_2 = -1$: $(\mathbf{A} + \mathbf{E})\mathbf{x} = \begin{pmatrix} 3 & -2 \\ -3 & 2 \end{pmatrix}\begin{pmatrix} x_1 \\ x_2 \end{pmatrix} = \begin{pmatrix} 0 \\ 0 \end{pmatrix}$, d.h. $\begin{matrix} 3x_1 - 2x_2 = 0 \\ -3x_1 + 2x_2 = 0 \end{matrix}$.

Für $x_2 = \beta$ ist dann $x_1 = \frac{2}{3}\beta$, und die Lösung hat die Form

$$\mathbf{x}_2 = \begin{pmatrix} \frac{2}{3}\beta \\ \beta \end{pmatrix} = \beta \begin{pmatrix} \frac{2}{3} \\ 1 \end{pmatrix}; \; \beta \in \mathbb{R}.$$

Als spezielle Eigenvektoren erhalten wir also z.B. für $\beta = 1$ bzw. $\beta = 3$:

$$\mathbf{x}_1 = \begin{pmatrix} -1 \\ 1 \end{pmatrix} \text{ zu } \lambda_1 = 4 \text{ und } \mathbf{x}_2 = \begin{pmatrix} 2 \\ 3 \end{pmatrix} \text{ zu } \lambda_2 = -1.$$

(2) Bei der Matrix $\mathbf{A} = \begin{pmatrix} 0 & -1 \\ 1 & 0 \end{pmatrix}$ besitzt die Gleichung

$$p(\lambda) = \det(\mathbf{A} - \lambda\mathbf{E}) = \det \begin{pmatrix} -\lambda & -1 \\ 1 & -\lambda \end{pmatrix} = \lambda^2 + 1 = 0$$

keine reellwertige Lösung; es gibt also keinen reellwertigen Eigenwert von **A**.

Die wichtigsten Eigenschaften der Eigenwerte einer Matrix **A** fassen wir zusammen in

(34.5) Satz

Besitzt die Matrix $\mathbf{A} = \| a_{ij} \|_{(n \times n)}$ die Eigenwerte $\lambda_1, \ldots, \lambda_n$, so gilt:

(a) $\sum_{i=1}^{n} \lambda_i = \sum_{i=1}^{n} a_{ii}$.

Die Summe $sp(\mathbf{A}) = \sum_{i=1}^{n} a_{ii}$ der in der Hauptdiagonalen von **A** stehenden Elemente bezeichnet man auch als die Spur der Matrix **A**.

(b) $\det A = \prod_{i=1}^{n} \lambda_i = \lambda_1 \cdot \ldots \cdot \lambda_n$.

(c) Sind m Eigenwerte von Null verschieden, so gilt $r(A) = m$.

(d) Ist **A** nichtsingulär, so besitzt die inverse Matrix A^{-1} die Eigenwerte $\frac{1}{\lambda_1}, \ldots, \frac{1}{\lambda_n}$

(e) Ist **B** eine nichtsinguläre $(n \times n)$-Matrix, so besitzen die Matrizen **A** und $B^{-1}AB$ jeweils dieselben Eigenwerte $\lambda_1, \ldots, \lambda_n$.
A und $B^{-1}AB$ bezeichnet man auch als ähnliche Matrizen.

Zur Lösung vieler statistischer Probleme und zur Bestimmung von Extremwerten einer Funktion von mehreren Variablen benötigt man sehr häufig die Eigenwerte von symmetrischen Matrizen. Bei diesen Matrizen besitzen die Eigenwerte und -vektoren noch zusätzlich die folgenden nützlichen Eigenschaften:

(34.6) Satz

Ist **A** eine symmetrische Matrix mit den Eigenwerten $\lambda_1, \ldots, \lambda_n$, so gilt:

(a) Alle Eigenwerte von **A** sind reellwertig.

(b) Sind λ_i und λ_j zwei verschiedene Eigenwerte von **A**, so sind die dazugehörenden Eigenvektoren x_i und x_j orthogonal.

(c) Ist λ_i ein r-facher Eigenwert von **A**, so gibt es dazu r verschiedene orthogonale Eigenvektoren $x_1, \ldots, x_r$.

(d) Es existiert eine orthogonale Matrix **S**, so daß gilt:

$$S'AS = D = \begin{pmatrix} \lambda_1 & & & 0 \\ & \cdot & & \\ & & \cdot & \\ 0 & & & \lambda_n \end{pmatrix}$$

Dabei besteht die Matrix $S = (a_1, \ldots, a_n)$ aus n verschiedenen orthonormalen Eigenvektoren zu $\lambda_1, \ldots, \lambda_n$. Man bezeichnet diese Transformation üblicherweise als die Diagonalisierung der Matrix **A**.

(e) Ist $A^2 = A$, so sind die Eigenwerte entweder Null oder Eins. Eine symmetrische Matrix **A** mit der Eigenschaft $A^2 = A \cdot A = A$ heißt idempotent.

Beispiel

Die Matrix $A = \begin{pmatrix} 1 & 2 \\ 2 & -2 \end{pmatrix}$ besitzt wegen

$$p(\lambda) = \det \begin{pmatrix} 1-\lambda & 2 \\ 2 & -2-\lambda \end{pmatrix} = (1-\lambda)(-2-\lambda) - 4 = \lambda^2 + \lambda - 6 = 0$$

die Eigenwerte $\lambda_1 = 2$ und $\lambda_2 = -3$.

Die dazugehörenden Eigenvektoren erhalten wir aus den homogenen linearen Gleichungssystemen

$$(\mathbf{A}-\lambda_1\mathbf{E})\mathbf{x} = \begin{pmatrix} -1 & 2 \\ 2 & -4 \end{pmatrix} \begin{pmatrix} x_1 \\ x_2 \end{pmatrix} = \begin{pmatrix} 0 \\ 0 \end{pmatrix} \text{ und } (\mathbf{A}-\lambda_2\mathbf{E})\mathbf{x} = \begin{pmatrix} 4 & 2 \\ 2 & 1 \end{pmatrix} \begin{pmatrix} x_1 \\ x_2 \end{pmatrix} = \begin{pmatrix} 0 \\ 0 \end{pmatrix}.$$

Dabei ergeben sich die Lösungen

$$\mathbf{x}_1 = \beta \begin{pmatrix} 2 \\ 1 \end{pmatrix} \text{ zu } \lambda_1 = 2 \text{ und } \mathbf{x}_2 = \beta \begin{pmatrix} -1 \\ 2 \end{pmatrix} \text{ zu } \lambda_2 = -3 \quad (\beta \in \mathbb{R}).$$

Wegen $\lambda_1 \neq \lambda_2$ sind die Vektoren $\mathbf{x}_1$ und $\mathbf{x}_2$ orthogonal.

Setzt man jeweils $\beta = \frac{1}{\sqrt{2^2+1^2}} = \frac{1}{\sqrt{5}}$, so ist $|\mathbf{x}_1| = 1$ und $|\mathbf{x}_2| = 1$.

Die Eigenvektoren $\mathbf{x}_1 = \frac{1}{\sqrt{5}} \begin{pmatrix} 2 \\ 1 \end{pmatrix}$ und $\mathbf{x}_2 = \frac{1}{\sqrt{5}} \begin{pmatrix} -1 \\ 2 \end{pmatrix}$ sind also orthonormal, und die daraus gebildete Transformationsmatrix

$$\mathbf{S} = (\mathbf{x}_1, \mathbf{x}_2) = \frac{1}{\sqrt{5}} \begin{pmatrix} 2 & -1 \\ 1 & 2 \end{pmatrix}$$

ist orthogonal. Wie man sich durch Ausmultiplizieren leicht überzeugen kann, gilt dann die Beziehung

$$\underbrace{\frac{1}{\sqrt{5}} \begin{pmatrix} 2 & 1 \\ -1 & 2 \end{pmatrix}}_{\mathbf{S}'} \cdot \underbrace{\begin{pmatrix} 1 & 2 \\ 2 & -2 \end{pmatrix}}_{\mathbf{A}} \cdot \underbrace{\frac{1}{\sqrt{5}} \begin{pmatrix} 2 & -1 \\ 1 & 2 \end{pmatrix}}_{\mathbf{S}} = \underbrace{\begin{pmatrix} 2 & 0 \\ 0 & -3 \end{pmatrix}}_{\mathbf{D}}.$$

§ 35 Quadratische Formen und lineare Regressionsrechnung

Bei der Untersuchung von Funktionen mehrerer Variabler sowie bei der mathematischen Beschreibung vieler Probleme in der Statistik benötigt man häufig sogenannte quadratische Formen. Mit diesem Begriff bezeichnet man allgemein einen Ausdruck der folgenden Art:

(35.1) Definition

Ist $\mathbf{A} = \| a_{ij} \|_{(n \times n)}$ eine symmetrische Matrix und $\mathbf{x} = \begin{pmatrix} x_1 \\ \vdots \\ x_n \end{pmatrix} \in \mathbb{R}^n$, so heißt die Funktion

$$q(\mathbf{x}) = \mathbf{x}'\mathbf{A}\mathbf{x}$$

eine (reelle) quadratische Form.

Durch Ausmultiplizieren erhält man für eine quadratische Form $q(x) = x'Ax$ die folgende Darstellung:

$$q(x_1, \dots, x_n) = (x_1, \dots, x_n) \begin{pmatrix} a_{11} & \dots & a_{1n} \\ \vdots & & \vdots \\ a_{n1} & \dots & a_{nn} \end{pmatrix} \begin{pmatrix} x_1 \\ \vdots \\ x_n \end{pmatrix} = (x_1, \dots, x_n) \begin{pmatrix} \sum_{j=1}^{n} a_{1j}x_j \\ \vdots \\ \sum_{j=1}^{n} a_{nj}x_j \end{pmatrix} =$$

$$= x_1 \sum_{j=1}^{n} a_{1j}x_j + \dots + x_n \sum_{j=1}^{n} a_{nj}x_j = \sum_{i=1}^{n} \sum_{j=1}^{n} a_{ij}x_i x_j .$$

Beispiele

(1) $q(x_1, x_2) = (x_1, x_2) \begin{pmatrix} 1 & 3 \\ 3 & -2 \end{pmatrix} \begin{pmatrix} x_1 \\ x_2 \end{pmatrix} = (x_1, x_2) \begin{pmatrix} x_1 + 3x_2 \\ 3x_1 - 2x_2 \end{pmatrix} = x_1^2 + 6x_1x_2 - 2x_2^2$

(2) $q(x_1, x_2) = (x_1, x_2) \begin{pmatrix} 2 & 0 \\ 0 & 0 \end{pmatrix} \begin{pmatrix} x_1 \\ x_2 \end{pmatrix} = (x_1, x_2) \begin{pmatrix} 2x_1 \\ 0 \end{pmatrix} = 2x_1^2 .$

(3) $q(x_1, x_2, x_3) = (x_1, x_2, x_3) \begin{pmatrix} 1 & 1 & 1 \\ 1 & 1 & 1 \\ 1 & 1 & 1 \end{pmatrix} \begin{pmatrix} x_1 \\ x_2 \\ x_3 \end{pmatrix} = (x_1, x_2, x_3) \begin{pmatrix} x_1 + x_2 + x_3 \\ x_1 + x_2 + x_3 \\ x_1 + x_2 + x_3 \end{pmatrix} =$

$$= x_1^2 + 2x_1x_2 + 2x_1x_3 + x_2^2 + 2x_2x_3 + x_3^2 = (x_1 + x_2 + x_3)^2 .$$

Eine quadratische Form ist also eine Funktion, die sowohl von den quadratischen Variablen x_i^2 als auch von den gemischten Variablen x_ix_j abhängen kann.

Jede solche quadratische Form $x'Ax$ läßt sich vereinfachen, wenn man eine orthogonale lineare Transformation durchführt. Sind nämlich $\lambda_1, \dots, \lambda_n$ die Eigenwerte von **A**, so existiert nach Satz (34.6) eine orthogonale Matrix **S**, so daß gilt:

$$S'AS = \begin{pmatrix} \lambda_1 & & 0 \\ & \ddots & \\ 0 & & \lambda_n \end{pmatrix} .$$

Ist nun $y = \begin{pmatrix} y_1 \\ \vdots \\ y_n \end{pmatrix}$ ein Punkt, der durch die orthogonale Transformation $x = Sy$ auf x abgebildet wird, so erhält man den Ausdruck:

$$x'Ax = (Sy)'A(Sy) = y'(S'AS)y = (y_1, \dots, y_n) \begin{pmatrix} \lambda_1 & & 0 \\ & \ddots & \\ 0 & & \lambda_n \end{pmatrix} \begin{pmatrix} y_1 \\ \vdots \\ y_n \end{pmatrix} =$$

$$= \lambda_1 y_1^2 + \dots + \lambda_n y_n^2 .$$

Die quadratische Form hängt somit nur noch von den quadratischen Variablen y_i^2 ab. Ist der Rang $r(A) = r < n$, so gibt es nur r von Null verschiedene Eigenwerte, und die quadratische Form reduziert sich auf die Summe

$$\lambda_1 y_1^2 + \dots + \lambda_r y_r^2 .$$

Bei den quadratischen Formen nehmen wir die folgende, für die Anwendung sinnvolle Unterteilung vor:

(35.2) Definition

Ist **A** eine symmetrische (n x n)-Matrix, so heißt die quadratische Form $x'Ax$ und die dazugehörende Matrix **A**

(a) *positiv definit* bzw. *positiv semidefinit*, falls für alle $x \in \mathbb{R}^n$ gilt:
$x'Ax > 0$ bzw. $x'Ax \geqslant 0$,

(b) *negativ definit* bzw. *negativ semidefinit*, falls für alle $x \in \mathbb{R}^n$ gilt:
$x'Ax < 0$ bzw. $x'Ax \leqslant 0$,

(c) *indefinit*, falls es mindestens zwei Punkte $x_1, x_2 \in \mathbb{R}^n$ gibt mit $x_1'Ax_1 > 0$ und $x_2'Ax_2 < 0$.

Mit Hilfe der Eigenwerte $\lambda_1, \dots, \lambda_n$ einer Matrix **A** kann man nun sofort feststellen, welche dieser Eigenschaften jeweils zutrifft. Wegen der Beziehung

$$x'Ax = \lambda_1 y_1^2 + \dots + \lambda_n y_n^2$$

gilt nämlich der folgende

(35.3) Satz

Die quadratische Form $x'Ax$ und die dazugehörende Matrix **A** ist genau dann

(a) positiv definit bzw. positiv semidefinit,
falls $\lambda_i > 0$ bzw. $\lambda_i \geqslant 0$ ist für alle $i = 1, \dots, n$,

(b) negativ definit bzw. negativ semidefinit,
falls $\lambda_i < 0$ bzw. $\lambda_i \leqslant 0$ ist für alle $i = 1, \dots, n$,

(c) indefinit, falls es mindestens zwei Eigenwerte λ_i, λ_j mit $\lambda_i > 0$ und $\lambda_j < 0$ gibt.

In Satz (32.4) haben wir bereits mit Hilfe der Hauptunterdeterminanten $H_1, \dots, H_n$ der Hesseschen Matrix $\mathbf{H}(x_o)$ eine hinreichende Bedingung für die Existenz der Extrema einer Funktion von mehreren Variablen angegeben. Diese Aussage läßt sich nun unter Benützung der hier neu eingeführten Begriffe auch folgendermaßen formulieren, wie man dies sehr häufig in der Literatur findet:

(35.4) Satz

Die Funktion $z = f(x_1, \ldots, x_n)$ besitzt an der Stelle x_o mit

$$(\text{grad } f)(x_o) = \begin{pmatrix} f_{x_1}(x_o) \\ \vdots \\ f_{x_n}(x_o) \end{pmatrix} = \begin{pmatrix} 0 \\ \vdots \\ 0 \end{pmatrix} \text{ ein}$$

(a) lokales Minimum, falls $\mathbf{H}(x_o)$ positiv definit ist,

(b) lokales Maximum, falls $\mathbf{H}(x_o)$ negativ definit ist.

Bemerkung: Die in den Sätzen (32.4) und (35.4) angegebenen hinreichenden Bedingungen sind äquivalent. Wie man nämlich zeigen kann, ist die Hessesche Matrix $\mathbf{H}(x_o)$ genau dann

(a) positiv definit, wenn $H_1 > 0, \ldots, H_n > 0$,

(b) negativ definit, wenn $H_1 < 0,\ H_2 > 0, \ldots, H_n \begin{cases} > 0 & \text{für } n \text{ gerade} \\ < 0 & \text{für } n \text{ ungerade} \end{cases}$.

Beispiel

Bei der Funktion $z = f(x_1, x_2, x_3) = 2x_1^2 + 3x_2^2 + x_3^2$ ergibt sich aus $f_{x_1} = 4x_1 = 0$, $f_{x_2} = 6x_2 = 0$ und $f_{x_3} = 2x_3 = 0$ der stationäre Punkt $x_o = (0, 0, 0)$.

Als Hessesche Matrix erhalten wir dann $\mathbf{H}(x_o) = \begin{pmatrix} 4 & 0 & 0 \\ 0 & 6 & 0 \\ 0 & 0 & 2 \end{pmatrix}$.

Da die Eigenwerte $\lambda_1 = 4$, $\lambda_2 = 6$ und $\lambda_3 = 2$ dieser Diagonalmatrix alle positiv sind, besitzt die Funktion also nach Satz (35.3) ein lokales Minimum bei $x_o = (0,0,0)$

Insbesondere in der Statistik ist man daran interessiert, welche geometrische Gestalt die Kurve besitzt, die durch die Gleichung

$$x'A^{-1}x = c$$

mit $c > 0$ definiert wird. Ist A eine symmetrische (2×2)-Matrix mit den Eigenwerten λ_1 und λ_2, so besitzt nach Satz (34.5) die inverse Matrix A^{-1} die Eigenwerte $\frac{1}{\lambda_1}$ und $\frac{1}{\lambda_2}$. Wie wir bereits gezeigt haben, läßt sich dann eine orthogonale Transformation durchführen, so daß die Beziehung $x'A^{-1}x = \frac{1}{\lambda_1} y_1^2 + \frac{1}{\lambda_2} y_2^2$ gilt.

Erfüllen nun die Eigenwerte die Bedingung $\lambda_1, \lambda_2 > 0$ mit $\lambda_1 > \lambda_2$, so beschreibt die Gleichung

$$x'A^{-1}x = \frac{1}{\lambda_1} y_1^2 + \frac{1}{\lambda_2} y_2^2 = c$$

eine Ellipse um den Mittelpunkt (0,0) im $y_1 y_2$-Koordinatensystem. Die y_1-Achse verläuft dabei durch die zu λ_1 und die y_2-Achse durch die zu λ_2 gehörenden Eigenvektoren. Da diese Eigenvektoren orthogonal sind, stehen die y_1- und y_2-Achse natürlich senkrecht aufeinander.

Gilt speziell $\lambda_1, \lambda_2 > 0$ und $\lambda_1 = \lambda_2$, so erhalten wir

$$\frac{1}{\lambda_1} y_1^2 + \frac{1}{\lambda_1} y_2^2 = c \quad \text{bzw.} \quad y_1^2 + y_2^2 = \lambda_1 c,$$

also die Gleichung eines Kreises mit dem Mittelpunkt (0,0) und dem Radius $\sqrt{\lambda_1 c}$.

Beispiel

Die Matrix $A = \begin{pmatrix} 3 & 2 \\ 2 & 3 \end{pmatrix}$ besitzt die Eigenwerte $\lambda_1 = 5$ und $\lambda_2 = 1$; es ist also $\lambda_1 > \lambda_2$.

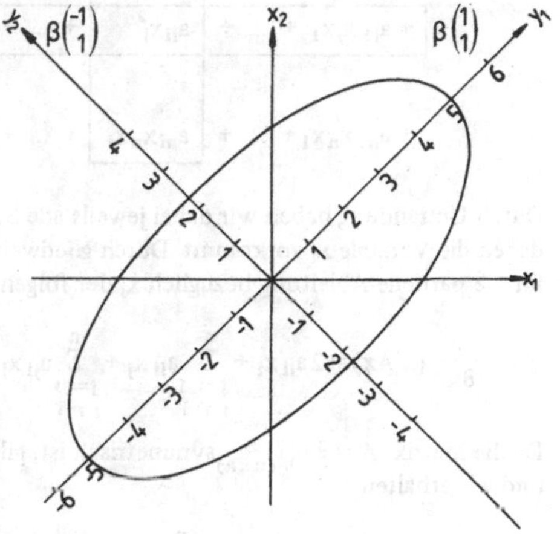

Für die Gleichung

$$x'A^{-1}x = 5$$

ergibt sich dann die Darstellung

$$x'A^{-1}x = \frac{1}{5} y_1^2 + y_2^2 = 5 .$$

Diese Gleichung beschreibt eine Ellipse im $y_1 y_2$-Koordinatensystem. Die y_1-Achse ist dabei durch die zu λ_1 gehörenden Eigenvektoren $\beta \begin{pmatrix} 1 \\ 1 \end{pmatrix}$, die y_2-Achse durch die zu λ_2 gehörenden Eigenvektoren $\beta \begin{pmatrix} -1 \\ 1 \end{pmatrix}$ festgelegt.

Im $x_1 x_2$-Koordinatensystem besitzt diese Ellipse wegen $A^{-1} = \frac{1}{5} \begin{pmatrix} 3 & -2 \\ -2 & 3 \end{pmatrix}$ die Darstellung

$$x'A^{-1}x = \frac{1}{5}(x_1, x_2) \begin{pmatrix} 3 & -2 \\ -2 & 3 \end{pmatrix} \begin{pmatrix} x_1 \\ x_2 \end{pmatrix} = \frac{1}{5}(3x_1^2 - 4x_1 x_2 + 3x_2^2) = 5 .$$

Wir wollen nun noch Formeln für die partiellen Ableitungen eines Skalarprodukts $a'x$ und einer quadratischen Form $x'Ax$ herleiten.
Zu diesem Zweck schreiben wir das Skalarprodukt in der Form

$$q(x) = q(x_1, \ldots, x_n) = a'x = (a_1, \ldots, a_n) \begin{pmatrix} x_1 \\ \vdots \\ x_n \end{pmatrix} = a_1 x_1 + \ldots + a_n x_n .$$

Daraus ergeben sich dann sofort die partiellen Ableitungen
$\frac{\partial}{\partial x_1}(a'x) = a_1, \ldots, \frac{\partial}{\partial x_n}(a'x) = a_n$, und als Gradienten erhalten wir den Vektor

$$\text{grad } a'x = \begin{pmatrix} a_1 \\ \vdots \\ a_n \end{pmatrix} = \text{grad } x'a . \tag{35.5}$$

Um die partiellen Ableitungen einer quadratischen Form zu bestimmen, benützen wir die folgende ausführliche Darstellungsweise:

$$q(x) = q(x_1, \ldots, x_n) = x'Ax = \sum_{j=1}^{n} \sum_{i=1}^{n} a_{ij} x_i x_j =$$

$$\begin{array}{lllll}
= a_{11} x_1^2 & + \ldots + & \boxed{a_{1i} x_1 x_i} & + \ldots + a_{1n} x_1 x_n + \\
\vdots & & \vdots & \\
\boxed{+ a_{i1} x_i x_1} & \boxed{+ \ldots +} & \boxed{a_{ii} x_i^2} & \boxed{+ \ldots + a_{in} x_i x_n +} \\
\vdots & & \vdots & \\
+ a_{n1} x_n x_1 + & \ldots + & \boxed{a_{ni} x_n x_i} & + \ldots + a_{nn} x_n^2 .
\end{array}$$

Durch Umrandung haben wir dabei jeweils alle Summanden zusammengefaßt, bei denen die Variable x_i vorkommt. Durch gliedweises Differenzieren ergibt sich nun für die partielle Ableitung bezüglich x_i der folgende Ausdruck:

$$\frac{\partial}{\partial x_i}(x'Ax) = 2 a_{ii} x_i + \sum_{\substack{j=1 \\ j \neq i}}^{n} a_{ij} x_j + \sum_{\substack{j=1 \\ j \neq i}}^{n} a_{ji} x_j .$$

Da die Matrix $A = \| a_{ij} \|_{(n \times n)}$ symmetrisch ist, gilt $a_{ij} = a_{ji}$ für alle $i,j = 1,\ldots,n$, und wir erhalten

$$\frac{\partial}{\partial x_i}(x'Ax) = 2 a_{ii} x_i + 2 \sum_{\substack{j=1 \\ j \neq i}}^{n} a_{ij} x_j = 2 \sum_{j=1}^{n} a_{ij} x_j .$$

Aus den n partiellen Ableitungen erster Ordnung bilden wir dann den Gradienten

$$\text{(35.6)} \qquad \operatorname{grad} x'Ax = \begin{pmatrix} 2 \sum_{j=1}^{n} a_{1j} x_j \\ \vdots \\ 2 \sum_{j=1}^{n} a_{nj} x_j \end{pmatrix} = 2Ax .$$

Abschließend wollen wir uns noch mit der linearen Regressionsrechnung beschäftigen, die eine wichtige Rolle in der Statistik spielt. Dabei beschränken wir uns hier in der Hauptsache auf die mathematische Herleitung der benötigten Formeln.

In der einfachen linearen Regressionsrechnung beschäftigt man sich mit dem Problem, aus einer vorgegebenen Wertetabelle

Variable	Meßwerte
x	$x_1 \dots x_n$
y	$y_1 \dots y_n$

die funktionale Abhängigkeit zwischen den Variablen x und y zu beschreiben.

Wir unterstellen dabei, daß man die Abhängigkeit zwischen diesen beiden Variablen mit Hilfe der Gleichung

$$y = a + bx + e$$

ausdrücken kann, wobei e eine zufällige Größe darstellt.

Danach ist also der unabhängigen Variablen x kein eindeutiger Wert der abhängigen Variablen y zugeordnet. Wir nehmen aber an, daß zwischen x und y in Wahrheit eine funktionale Beziehung der Form

$$y = f(x) = a + bx$$

besteht, und die Abweichungen von dieser Geraden erklärt man einfach als Zufallsschwankungen (Meßfehler).

Die lineare Regressionsrechnung hat nun die Aufgabe, aus den vorliegenden Meßwerten $(x_1, y_1), \dots, (x_n, y_n)$ möglichst gute Schätzungen $\hat{a}$ und $\hat{b}$ für die unbekannten Parameter der Geraden $y = f(x) = a + bx$ zu ermitteln.

Beispiel

Es soll eine lineare Funktion aufgestellt werden, die den Ernteertrag y [1000 kg] eines bestimmten landwirtschaftlichen Gutes in Abhängigkeit von den dafür eingesetzten Düngemitteln x [100 kg] beschreibt. Dazu stehen die auf fünf verschiedenen je 1 ha großen Versuchsfeldern erzielten folgenden Ergebnisse zur Verfügung.

Versuchsfeld	i	1	2	3	4	5
Düngemitteleinsatz	x_i	4	2	6	1	5
Ernteertrag	y_i	5	2	4	3	6

Trägt man nun die entsprechenden Wertepaare (x_i, y_i) für $i = 1, \dots, 5$ in ein xy-Koordinatensystem ein, so ergibt sich die in Bild 4-44 angegebene „Punktwolke". Wie man sieht, läßt sich durch diese Punktwolke eine Gerade $y = \hat{a} + \hat{b}x$ ziehen, so daß alle Punkte zumindest annähernd gleichmäßig um diese sogenannte Regressionsgerade herum verstreut liegen. Dabei entstehen dann jeweils die Abweichungen

$$d_i = y_i - (\hat{a} + \hat{b}x_i)$$

zwischen y_i und der Geraden $f(x_i) = \hat{a} + \hat{b}x_i$.

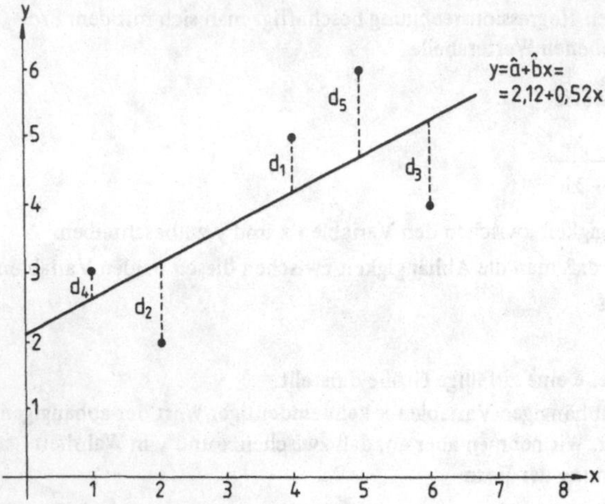

Die Regressionsgerade $y = \hat{a} + \hat{b}x$ soll natürlich der Punktwolke möglichst gut angepaßt sein. Um dies zu erreichen, berechnet man üblicherweise die Parameter $\hat{a}$ und $\hat{b}$ so, daß die Summe der Abstandsquadrate

$$g(\hat{a}, \hat{b}) = \sum_{i=1}^{5} d_i^2 = \sum_{i=1}^{5} [y_i - (\hat{a} + \hat{b}x_i)]^2$$

minimal ist. Man bezeichnet dieses Verfahren als die Methode der kleinsten Quadrate.

Liegen allgemein die n Meßwerte $(x_1, y_1), \ldots, (x_n, y_n)$ vor, so bestimmt man den Achsenabschnitt $\hat{a}$ und die Steigung $\hat{b}$ der Regressionsgeraden $y = \hat{a} + \hat{b}y$ durch Minimierung der Funktion

$$g(\hat{a}, \hat{b}) = \sum_{i=1}^{n} d_i^2 = \sum_{i=1}^{n} [y_i - (\hat{a} + \hat{b}x_i)]^2 .$$

Nach der notwendigen Bedingung für die Existenz von Extremwerten müssen dazu die partiellen Ableitungen $\frac{\partial g}{\partial \hat{a}}$ und $\frac{\partial g}{\partial \hat{b}}$ gleich Null gesetzt werden. Durch Anwendung der Kettenregel ergeben sich deshalb die beiden Gleichungen

$$\frac{\partial g}{\partial \hat{a}} = 2 \sum_{i=1}^{n} [y_i - (\hat{a} + \hat{b}x_i)](-1) = -2\left[\sum_{i=1}^{n} y_i - \sum_{i=1}^{n} \hat{a} - \hat{b} \sum_{i=1}^{n} x_i\right] = 0$$

$$\frac{\partial g}{\partial \hat{b}} = 2 \sum_{i=1}^{n} [y_i - (\hat{a} + \hat{b}x_i)](-x_i) = -2\left[\sum_{i=1}^{n} x_i y_i - \hat{a} \sum_{i=1}^{n} x_i - \hat{b} \sum_{i=1}^{n} x_i^2\right] = 0 .$$

Wegen $\sum_{i=1}^{n} \hat{a} = n\hat{a}$ erhalten wir daraus die Bedingungen

$$n\hat{a} + \left(\sum_{i=1}^{n} x_i\right)\hat{b} = \sum_{i=1}^{n} y_i$$

$$\left(\sum_{i=1}^{n} x_i\right)\hat{a} + \left(\sum_{i=1}^{n} x_i^2\right)\hat{b} = \sum_{i=1}^{n} x_i y_i\,,$$

die man als die Normalgleichungen zur Bestimmung der Koeffizienten $\hat{a}$ und $\hat{b}$ bezeichnet.

In Matrizenschreibweise besitzt dieses Gleichungssystem die Form

$$\begin{pmatrix} n & \Sigma x_i \\ \Sigma x_i & \Sigma x_i^2 \end{pmatrix}\begin{pmatrix} \hat{a} \\ \hat{b} \end{pmatrix} = \begin{pmatrix} \Sigma y_i \\ \Sigma x_i y_i \end{pmatrix},$$

wobei wir der Einfachheit halber auf die Indizierung verzichten.

Wegen $D = \det\begin{pmatrix} n & \Sigma x_i \\ \Sigma x_i & \Sigma x_i^2 \end{pmatrix} = n(\Sigma x_i^2) - (\Sigma x_i)^2$ erhalten wir dann mit Hilfe der Cramerschen Regel (Satz (25.3)) die Lösungen

$$(35.7)\quad \begin{cases} \hat{a} = \dfrac{1}{D}\det\begin{pmatrix} \Sigma y_i & \Sigma x_i \\ \Sigma x_i y_i & \Sigma x_i^2 \end{pmatrix} = \dfrac{(\Sigma y_i)(\Sigma x_i^2) - (\Sigma x_i y_i)(\Sigma x_i)}{n(\Sigma x_i^2) - (\Sigma x_i)^2} \\[2ex] \hat{b} = \dfrac{1}{D}\det\begin{pmatrix} n & \Sigma y_i \\ \Sigma x_i & \Sigma x_i y_i \end{pmatrix} = \dfrac{n(\Sigma x_i y_i) - (\Sigma x_i)(\Sigma y_i)}{n(\Sigma x_i^2) - (\Sigma x_i)^2} \end{cases}$$

$\hat{a}$ und $\hat{b}$ stellen die nach der Methode der kleinsten Quadrate besten Schätzungen für die unbekannten Parameter a und b der Geraden $y = f(x) = a + bx$ dar.

Beispiel

Mit Hilfe dieser Formeln wollen wir nun für die in Bild 4-44 eingezeichnete Punktwolke die Regressionsgerade bestimmen. Wir benützen dazu das folgende übersichtliche Rechenschema:

i	x_i	y_i	x_i^2	$x_i y_i$
1	4	5	16	20
2	2	2	4	4
3	6	4	36	24
4	1	3	1	3
5	5	6	25	30
Σ	18	20	82	81

Setzt man nun die verschiedenen Summen in die Formeln (35.7) ein, so ergibt sich

$$\hat{a} = \frac{20 \cdot 82 - 81 \cdot 18}{5 \cdot 82 - (18)^2} = 2{,}12 \quad \text{und} \quad \hat{b} = \frac{5 \cdot 81 - 18 \cdot 20}{5 \cdot 82 - (18)^2} = 0{,}52\,.$$

Die Regressionsgerade hat also die Form

$$y = \hat{a} + \hat{b}x = 2{,}12 + 0{,}52x\,.$$

Bemerkung

(1) Die lineare Regressionsrechnung kann man natürlich nur dann anwenden, wenn die Beobachtungsdaten auch tatsächlich entlang einer Geraden verstreut sind. In der Statistik sind Verfahren entwickelt worden, mit denen man im Einzelfall jeweils überprüfen kann, ob diese Annahme zutrifft.

(2) Bei der Bestimmung der in (35.7) angegebenen Schätzungen $\hat{a}$ und $\hat{b}$ haben wir nur die notwendige Bedingung benützt. Wie man jedoch zeigen kann, ist auch die hinreichende Bedingung erfüllt, so daß die Funktion $g(\hat{a}, \hat{b})$ wirklich ein Minimum besitzt.

Bei der multiplen (mehrfachen) linearen Regressionsanalyse will man allgemein den funktionalen Zusammenhang zwischen einer Variablen y und den Variablen $x_1, \dots, x_k$ beschreiben. Wir setzen dabei voraus, daß sich die Abhängigkeit zwischen diesen Variablen durch die Beziehung

$$y = b_o + b_1 x_1 + \dots + b_k x_k + e$$

darstellen läßt, wobei e wieder eine zufällige Größe bezeichnet, die wir als Beobachtungsfehler interpretieren.

Ähnlich wie bei der einfachen linearen Regressionsrechnung bestimmen wir auch hier aus einer vorgegebenen Tabelle von je n Meßwerten pro Variable

Variable	y	$x_1 \;\dots\; x_k$
Meßwerte	y_1 . . . y_n	$x_{11} \;\dots\; x_{1k}$ . . . . $x_{n1} \;\dots\; x_{nk}$

geeignete Werte $\hat{b}_o, \hat{b}_1, \dots, \hat{b}_k$ für die unbekannten Koeffizienten $b_o, b_1, \dots, b_k$, so daß die Regressionsfunktion

$$y = \hat{b}_o + \hat{b}_1 x_1 + \dots + \hat{b}_k x_k$$

den Beobachtungsdaten möglichst gut angepaßt ist. Eine solche Funktion stellt eine Ebene im $\mathbb{R}^k$ dar.

Wir wenden auch hier wieder die Methode der kleinsten Quadrate an und ermitteln jeweils die Abstände

$$\begin{aligned} d_1 &= y_1 - (\hat{\mathfrak{b}}_o + \hat{\mathfrak{b}}_1 x_{11} + \ldots + \hat{\mathfrak{b}}_k x_{1k}) \\ &\vdots \\ d_n &= y_n - (\hat{\mathfrak{b}}_o + \hat{\mathfrak{b}}_1 x_{n1} + \ldots + \hat{\mathfrak{b}}_k x_{nk}) . \end{aligned}$$

Benützt man die Abkürzungen

$$\mathbf{d} = \begin{pmatrix} d_1 \\ \vdots \\ d_n \end{pmatrix}, \quad \mathbf{y} = \begin{pmatrix} y_1 \\ \vdots \\ y_n \end{pmatrix}, \quad \mathbf{X} = \begin{pmatrix} 1 & x_{11} & \ldots & x_{1k} \\ \vdots & \vdots & & \vdots \\ 1 & x_{n1} & \ldots & x_{nk} \end{pmatrix}, \quad \hat{\mathfrak{b}} = \begin{pmatrix} \hat{\mathfrak{b}}_o \\ \vdots \\ \hat{\mathfrak{b}}_k \end{pmatrix},$$

so kann man dieses Gleichungssystem in der Form

$$\mathbf{d} = \mathbf{y} - \mathbf{X}\hat{\mathfrak{b}}$$

schreiben. Als Summe der Abweichungsquadrate ergibt sich dann wegen der Rechenregeln $(\mathbf{A}+\mathbf{B})' = \mathbf{A}' + \mathbf{B}'$, $(\mathbf{AB})' = \mathbf{B}'\mathbf{A}'$ und $(\mathbf{ABC})' = \mathbf{C}'\mathbf{B}'\mathbf{A}'$:

$$\begin{aligned} \sum_{i=1}^{n} d_i^2 = \mathbf{d}'\mathbf{d} &= (\mathbf{y} - \mathbf{X}\hat{\mathfrak{b}})'(\mathbf{y} - \mathbf{X}\hat{\mathfrak{b}}) = \\ &= \mathbf{y}'\mathbf{y} - \hat{\mathfrak{b}}'\mathbf{X}'\mathbf{y} - \mathbf{y}'\mathbf{X}\hat{\mathfrak{b}} + \hat{\mathfrak{b}}'\mathbf{X}'\mathbf{X}\hat{\mathfrak{b}} = \\ &= \mathbf{y}'\mathbf{y} - 2\hat{\mathfrak{b}}'\mathbf{X}'\mathbf{y} + \hat{\mathfrak{b}}'\mathbf{X}'\mathbf{X}\hat{\mathfrak{b}} . \end{aligned}$$

Das Produkt $\hat{\mathfrak{b}}'\mathbf{X}'\mathbf{y}$ ist nämlich eine reelle Zahl und deshalb symmetrisch; es gilt also $\hat{\mathfrak{b}}'\mathbf{X}'\mathbf{y} = (\hat{\mathfrak{b}}'\mathbf{X}'\mathbf{y})' = \mathbf{y}'\mathbf{X}''\hat{\mathfrak{b}}'' = \mathbf{y}'\mathbf{X}\hat{\mathfrak{b}}$.

Die Koeffizienten $\hat{\mathfrak{b}}_o, \hat{\mathfrak{b}}_1, \ldots, \hat{\mathfrak{b}}_k$ der Regressionsfunktion bestimmen wir nun wieder so, daß die Funktion

$$g(\hat{\mathfrak{b}}) = g(\hat{\mathfrak{b}}_o, \ldots, \hat{\mathfrak{b}}_k) = \sum_{i=1}^{n} d_i^2 = \mathbf{y}'\mathbf{y} - 2\hat{\mathfrak{b}}'(\mathbf{X}'\mathbf{y}) + \hat{\mathfrak{b}}'(\mathbf{X}'\mathbf{X})\hat{\mathfrak{b}}$$

ein Minimum annimmt.

Dazu benötigen wir den Gradienten der Funktion $g(\hat{\mathfrak{b}})$. Durch Anwendung der Formeln (35.5) bzw. (35.6) ergibt sich grad $\hat{\mathfrak{b}}'(\mathbf{X}'\mathbf{y}) = \mathbf{X}'\mathbf{y}$ bzw. grad $\hat{\mathfrak{b}}'(\mathbf{X}'\mathbf{X})\hat{\mathfrak{b}} = 2(\mathbf{X}'\mathbf{X})\hat{\mathfrak{b}}$ und somit

$$(\text{grad } g)\ (\hat{\mathfrak{b}}) = -2\,(\mathbf{X}'\mathbf{y}) + 2\,(\mathbf{X}'\mathbf{X})\hat{\mathfrak{b}} .$$

Nach der notwendigen Bedingung für die Existenz von Extrema erhalten wir nun den gesuchten Koeffizientenvektor $\hat{\mathfrak{b}}$ aus der Gleichung

$$(\text{grad } g)\ (\hat{\mathfrak{b}}) = -2\,(\mathbf{X}'\mathbf{y}) + 2\,(\mathbf{X}'\mathbf{X})\hat{\mathfrak{b}} = \mathbf{o} \quad \text{bzw.} \quad (\mathbf{X}'\mathbf{X})\hat{\mathfrak{b}} = \mathbf{X}'\mathbf{y} .$$

Multipliziert man diese Gleichung mit der inversen Matrix $(\mathbf{X}'\mathbf{X})^{-1}$, so ergibt sich als Lösung der Vektor

(35.8) $$\hat{\mathfrak{b}} = (\mathbf{X}'\mathbf{X})^{-1}\mathbf{X}'\mathbf{y} ,$$

der die Schätzwerte für die unbekannten Parameter der Regressionsfunktion enthält. Die Inverse $(\mathbf{X}'\mathbf{X})^{-1}$ existiert natürlich nur dann, wenn $\det \mathbf{X} \neq 0$ oder $r(\mathbf{X}) = k+1$ ist.

Beispiel

Es soll eine lineare Funktion aufgestellt werden, die den Ernteertrag y [1000 kg] in Abhängigkeit vom Düngemitteleinsatz x_1 [100 kg] und der durchschnittlichen Regenmenge x_2 [100 mm] beschreibt. Dazu stehen die auf einem Versuchsfeld von 1 ha erzielten folgenden Ergebnisse aus n = 5 aufeinanderfolgenden Jahren zur Verfügung:

Jahr i	Ernteertrag y_i	Düngemittel x_{1i}	Regenmenge x_{2i}
1	7	2	3
2	10	5	4
3	8	3	2
4	6	1	2
5	4	2	1

Aus diesen Beobachtungsdaten erhalten wir die Matrix

$$\mathbf{X} = \begin{pmatrix} 1 & 2 & 3 \\ 1 & 5 & 4 \\ 1 & 3 & 2 \\ 1 & 1 & 2 \\ 1 & 2 & 1 \end{pmatrix}.$$

Wir berechnen daraus mit Hilfe von Satz (26.3)

$$(\mathbf{X}'\mathbf{X}) = \begin{pmatrix} 5 & 13 & 12 \\ 13 & 43 & 36 \\ 12 & 36 & 34 \end{pmatrix} \text{ und } (\mathbf{X}'\mathbf{X})^{-1} = \frac{1}{124}\begin{pmatrix} 166 & -10 & -48 \\ -10 & 26 & -24 \\ -48 & -24 & 46 \end{pmatrix},$$

und als Koeffizientenvektor ergibt sich:

$$\mathfrak{b} = (\mathbf{X}'\mathbf{X})^{-1}\mathbf{X}'\mathbf{y} = \frac{1}{124}\begin{pmatrix} 166 & -10 & -48 \\ -10 & 26 & -24 \\ -48 & -24 & 46 \end{pmatrix}\begin{pmatrix} 1 & 1 & 1 & 1 & 1 \\ 2 & 5 & 3 & 1 & 2 \\ 3 & 4 & 2 & 2 & 1 \end{pmatrix}\begin{pmatrix} 7 \\ 10 \\ 8 \\ 6 \\ 4 \end{pmatrix} =$$

$$= \frac{1}{124}\begin{pmatrix} 326 \\ 70 \\ 150 \end{pmatrix} = \begin{pmatrix} 2{,}63 \\ 0{,}56 \\ 1{,}21 \end{pmatrix}$$

Die gesuchte Regressionsfunktion besitzt also die Form

$$y = 2{,}63 + 0{,}56\, x_1 + 1{,}21\, x_2 .$$

Weiterführende Literatur

[1] Allen, R. G. D.: Mathematik für Volks- und Betriebswirte. Duncker & Humblot. Berlin 1972.

[2] Beckmann, M. J., Künzi, H. P.: Mathematik für Ökonomen II. Springer. Berlin, Heidelberg 1969.

[3] Chiang, A. C.: Fundamental Methods of Mathematical Economics. McGraw-Hill. New York 1974.

[4] Dietrich, G., Stahl, H.: Matrizen und Determinanten und ihre Anwendung in Technik und Ökonomie. VEB Fachbuchverlag. Leipzig 1968.

[5] Fischer, G.: Lineare Algebra. vieweg studium Bd. 17. 7. Auflage. Vieweg. Braunschweig 1981.

[6] Forster, O.: Analysis II. vieweg studium Bd. 31. 4. Auflage. Vieweg. Braunschweig 1981.

[7] Gantmacher, F. R.: Matrizenrechnung, Band 1. VEB Deutscher Verlag der Wissenschaften. Berlin 1970.

[8] Hadley, G.: Linear Programming. Addison-Wesley. Reading, Mass. 1974.

[9] Heike, H. D., Greiner, D., Lehmann, J.: Mathematik für Wirtschaftswissenschaftler, Band 2. verlag moderne industrie. München 1977.

[10] Kemeny, J. G., Schleifer jr., A., Snell, J. L., Thompson, G. L.: Mathematik für die Wirtschaftspraxis. 2. verb. Aufl. de Gruyter. Berlin, New York 1972.

[11] Kochendörffer, R.: Determinanten und Matrizen. 5. Auflage. Teubner. Leipzig 1967.

[12] Körth, H., Otto, C., Runge, W., Schoch, M.: Lehrbuch der Mathematik für Wirtschaftswissenschaften. Westdeutscher Verlag. Opladen 1972.

[13] Wetzel, W., Skarabis, H., Naeve, P.: Mathematische Propädeutik für Wirtschaftswissenschaftler. de Gruyter. Berlin 1968.

[14] Zurmühl, R.: Matrizen und ihre technischen Anwendungen. Springer. Berlin, Heidelberg 1964.

Sachwortverzeichnis

Wichtige Formeln im Überblick

Einleitend soll darauf hingewiesen werden, dass eine Division durch 0 natürlich nicht definiert ist und die in den entsprechenden Formeln vorkommenden Ableitungen, Matrizenprodukte, Inversen, Determinanten usw. existieren. Aus Gründen der Vereinfachung wird hier deshalb nicht bei jeder einzelnen Rechenregel extra darauf eingegangen.

1. Matrizen

1.1. Addition von Matrizen

$$\mathbf{A} + \mathbf{B} = (a_{ij})_{(m \times n)} + (b_{ij})_{(m \times n)} = (a_{ij} + b_{ij})_{(m \times n)}$$

1.2. Multiplikation einer Matrix A mit einem Skalar $\lambda \in \mathbb{R}$:

$$\lambda \cdot \mathbf{A} = \lambda \cdot (a_{ij})_{(m \times n)} = (\lambda \cdot a_{ij})_{(m \times n)}$$

1.3. Skalarmultiplikation von Vektoren

$$\mathbf{x}' \cdot \mathbf{y} = \begin{pmatrix} x_1 & \cdots & x_n \end{pmatrix} \cdot \begin{pmatrix} y_1 \\ \vdots \\ y_n \end{pmatrix} = x_1 \cdot y_1 + \cdots + x_n \cdot y_n = \sum_{i=1}^{n} x_i \cdot y_i$$

1.4. Matrizenmultiplikation

Das Matrizenprodukt $\mathbf{A} \cdot \mathbf{B}$ ist nur definiert, wenn gilt:

Anzahl der Spalten von $\mathbf{A}$ = Anzahl der Zeilen von $\mathbf{B}$.

Für das Matrizenprodukt gilt allgemein die Beziehung:

$$\underbrace{\underset{(m \times n)}{\mathbf{A}} \cdot \underset{(n \times r)}{\mathbf{B}}} = \underset{(m \times r)}{\mathbf{A} \cdot \mathbf{B}}$$

Das Element c_{ij} der Matrix $\mathbf{A} \cdot \mathbf{B}$ ergibt sich als **Skalarprodukt** aus der i-ten **Zeile** von **A** und der j-ten **Spalte** von **B**.

Bei der Matrizenmultiplikation darf die Reihenfolge der Faktoren nicht vertauscht werden; auch für $(n \times n)$-Matrizen gilt in der Regel: $\mathbf{A} \cdot \mathbf{B} \neq \mathbf{B} \cdot \mathbf{A}$.

1.5. Transponierte Matrix A′

$\mathbf{A}'$ ist $(n \times m)$-Matrix und entsteht aus der $(m \times n)$-Matrix **A** durch Vertauschen der Zeilen und Spalten.

2. Determinanten für (2 × 2)- und (3 × 3)-Matrizen

$$\det \begin{pmatrix} a_{11} & a_{12} \\ a_{21} & a_{22} \end{pmatrix} = a_{11}a_{22} - a_{12}a_{21}.$$

Regel von Sarrus

$$\det \begin{pmatrix} a_{11} & a_{12} & a_{13} \\ a_{21} & a_{22} & a_{23} \\ a_{31} & a_{32} & a_{33} \end{pmatrix} =$$

$$= a_{11}a_{22}a_{33} + a_{12}a_{23}a_{31} + a_{13}a_{21}a_{32} - a_{12}a_{21}a_{33} - a_{11}a_{23}a_{32} - a_{13}a_{22}a_{31}.$$

3. Lineare Unabhängigkeit von Vektoren

Bilde aus den Vektoren $\mathbf{a}_1, \cdots, \mathbf{a}_n \in \mathbb{R}^n$ die Matrix $\mathbf{A} = (\mathbf{a}_1, \cdots, \mathbf{a}_n)$.
Gilt dann:

$\det \mathbf{A} \neq 0$, so sind die Vektoren $\mathbf{a}_1, \cdots, \mathbf{a}_n$ **linear unabhängig**,
$\det \mathbf{A} = 0$, so sind die Vektoren $\mathbf{a}_1, \cdots, \mathbf{a}_n$ **linear abhängig**.

4. Cramersche Regel

Bei einem linearen Gleichungssystem $\mathbf{A} \cdot \mathbf{x} = \mathbf{b}$ mit n Gleichungen und n Unbekannten erhält man für $i = 1, \ldots, n$ die i-te Komponente des Lösungsvektors aus der Formel:

$$x_i = \frac{\det \mathbf{A}_i}{\det \mathbf{A}} \quad \text{für } \det \mathbf{A} \neq 0.$$

$\mathbf{A}_i$ ist dabei die $(n \times n)$-Matrix, die man erhält, wenn in der Koeffizientenmatrix $\mathbf{A}$ die i-te Spalte durch den Konstantenvektor $\mathbf{b}$ ersetzt wird.

Ist $\det \mathbf{A} = 0$, so existiert entweder keine Lösung oder es gibt unendlich viele Lösungen.

5. Inverse Matrix $\mathbf{A}^{-1}$

Zu jeder $(n \times n)$-Matrix $\mathbf{A}$ mit $\det \mathbf{A} \neq 0$ existiert eine **inverse** Matrix $\mathbf{A}^{-1}$, so dass gilt:

$$\mathbf{A} \cdot \mathbf{A}^{-1} = \mathbf{A}^{-1} \cdot \mathbf{A} = \mathbf{E}.$$

Dabei ist $\mathbf{E}$ die Einheitsmatrix.

Berechnung der Inversen für (2 × 2)-Matrizen:

$$\mathbf{A} = \begin{pmatrix} a & b \\ c & d \end{pmatrix} \Rightarrow \mathbf{A}^{-1} = \frac{1}{\det \mathbf{A}} \cdot \begin{pmatrix} d & -b \\ -c & a \end{pmatrix}.$$

Wichtige Rechenregeln für Matrizen

a. $(\mathbf{A}')' = \mathbf{A}$ b. $(\mathbf{A} + \mathbf{B})' = \mathbf{A}' + \mathbf{B}'$

c. $(\lambda \cdot \mathbf{A})' = \lambda \cdot \mathbf{A}'$ d. $(\mathbf{A} \cdot \mathbf{B})' = \mathbf{B}' \cdot \mathbf{A}'$

e. $\det \mathbf{A} = \det \mathbf{A}'$ f. $\det(\mathbf{A} \cdot \mathbf{B}) = \det \mathbf{A} \cdot \det \mathbf{B}$

g. $(\mathbf{A}^{-1})^{-1} = \mathbf{A}$ h. $(\mathbf{A}')^{-1} = (\mathbf{A}^{-1})'$

i. $(\mathbf{A} \cdot \mathbf{B})^{-1} = \mathbf{B}^{-1} \cdot \mathbf{A}^{-1}$ j. $\det \mathbf{A}^{-1} = \dfrac{1}{\det \mathbf{A}}$

k. $\mathbf{A} \cdot \mathbf{E} = \mathbf{E} \cdot \mathbf{A} = \mathbf{A}$ l. $\mathbf{E}^{-1} = \mathbf{E}$

2. Funktionen von zwei Variablen

2.1. Homogenität

Die Funktion $f(x, y)$ heißt **homogen vom Grad** r, falls gilt:

$$f(\lambda x, \lambda y) = \lambda^r \cdot f(x, y) \text{ für alle } \lambda > 0.$$

2.2. Partielle Ableitungen

a. $f_x(x_0, y_0) = \frac{\partial f}{\partial x}(x_0, y_0)$ beschreibt die Steigung von $f(x, y)$ in Richtung der x-Achse im Punkt (x_0, y_0),

b. $f_y(x_0, y_0) = \frac{\partial f}{\partial y}(x_0, y_0)$ beschreibt die Steigung von $f(x, y)$ in Richtung der y-Achse im Punkt (x_0, y_0).

Man berechnet die **partiellen Ableitungen** mit Hilfe der bekannten Ableitungsregeln. Bei
f_x wird die Funktion f nach x **differenziert** und y als **Konstante** behandelt,
f_y wird die Funktion f nach y **differenziert** und x als **Konstante** behandelt.

2.3. Totales Differential

Totales Differential bei $y = f(x)$:

$dy = f'(x_0) \cdot dx$ ist eine **Näherung** für

$\Delta y = f(x_0 + dx) - f(x_0)$, falls x_0 um dx erhöht wird.

Totales Differential bei $z = f(x, y)$:

$dz = f_x(x_0, y_0) \cdot dx + f_y(x_0, y_0) \cdot dy$ ist eine **Näherung** für

$\Delta z = f(x_0 + dx, y_0 + dy) - f(x_0, y_0)$, falls x_0 um dx und y_0 um dy erhöht werden.

Grenzrate der Substitution: $\frac{dy}{dx} = -\frac{f_x}{f_y}$

2.4. Bestimmung der lokalen Extrema einer Funktion $f(x, y)$

Notwendige Bedingung

Hat $f(x, y)$ in (x_S, y_S) ein lokales Extremum, so gilt:

$$f_x(x_S, y_S) = 0, \quad f_y(x_S, y_S) = 0.$$

(x_S, y_S) heisst **stationären Punkt**.

Hinreichende Bedingung
Setze den stationären Punkt (x_S, y_S) in die partiellen Ableitungen zweiter Ordnung f_{xx}, f_{yy} und f_{xy} ein. Gilt dann:

$f_{xx} > 0, \qquad f_{yy} > 0, \qquad f_{xx} \cdot f_{yy} - (f_{xy})^2 > 0,$

so besitzt f ein **lokales Minimum** in (x_S, y_S),

$f_{xx} < 0, \qquad f_{yy} < 0, \qquad f_{xx} \cdot f_{yy} - (f_{xy})^2 > 0,$
so besitzt f ein **lokales Maximum** in (x_S, y_S),

$f_{xx} \cdot f_{yy} - (f_{xy})^2 < 0,$
so besitzt f einen **Sattelpunkt** in (x_S, y_S),

$f_{xx} \cdot f_{yy} - (f_{xy})^2 = 0,$
so ist **keine Aussage** über die Existenz von Extrema möglich.

partielle Ableitungen zweiter Ordnung:
f_{xx} bedeutet: f_x wird nach x abgeleitet,
f_{yy} bedeutet: f_y wird nach y abgeleitet,
f_{xy} bedeutet: f_x wird nach y abgeleitet; es gilt dabei: $f_{xy} = f_{yx}$.

2.5. Extrema unter Nebenbedingungen

$z = f(x, y) \to \max$ unter der Nebenbedingung $g(x, y) = 0$.

Bilde die **Lagrange-Funktion** $L(x, y, \lambda) = f(x, y) + \lambda \cdot g(x, y)$.

Notwendige Bedingung
Hat die Funktion $z = f(x, y)$ unter der Nebenbedingung $g(x, y) = 0$ ein lokales Extremum an der Stelle (x_0, y_0), so gilt:

$$\begin{array}{lcllcl} L_x & = & f_x & + \lambda \cdot g_x & = 0 & (I) \\ L_y & = & f_y & + \lambda \cdot g_y & = 0 & (II) \\ L_\lambda & = & g(x, y) & & = 0 & (III) \end{array}$$